아파트
화분
생태계

화분 식물 초심자를 위한 최소한의 안내서

아파트 화분 생태계

글·그림 한인애

차례

2부 식물 성장 가이드

3부 화분 식물 키우기

여는 글

제가 유년의 대부분을 보낸 곳은 여름마다 울창한 녹음이 우거지는 작은 마을입니다. 덩굴식물이 가드레일을 타 넘거나 표지판이나 전봇대를 감아 오르며 자라는 모습은 제게 너무나도 익숙한 장면입니다. 겨울이 와도 여전히 산을 뒤덮은 침엽수로 인해 초록을 잃지 않는 곳이지요. 워낙에 푸르러 그 근방을 통틀어 '청산'이라고 부릅니다. 청산에서 자랄 때에는 그 모습이 너무 익숙해 특별히 아름답다고 생각지 못했던 것 같습니다. 저는 오히려 그곳을 떠나고 싶어 자꾸만 바깥으로 한눈을 파는 아이였지요.
때문에 그때는 그 마을이 저에게 얼마만큼 영향을 미칠지, 제가 그 마을을 얼마나 그리워하며 살게 될지 알지 못했습니다.

녹음에 둘러싸인 환경이 익숙한 저에게 아파트는 자연스럽지 못한 장소를 상징하는 단어였습니다. 인공적이고, 딱딱한 장소일 것이라고 막연하게 생각했지요. 상경해 몇 해를 지내는 내내 서울이 마치 거대한 아파트 같다고 생각했습니다. 콘크리트 건물이 몹시 많았고, 그 사이사이를 걸어 다니는 아주 많은 사람들이 있었습니다. 저는 주변을 서성거리며 서울이라는 장소에 좀처럼 정을 붙이지 못했습니다. 그렇게 몇 년이 흐르고 어쩌다 아파트로 이사를 하게 되었어요. (아파트에 살게 될 거라는 생각은 해보지도 못했는데!) 서울과 경기도의 경계에 위치한, 작은 평수의 오래된 주공아파트 단지로요. 문을 열면 코앞에 놀이터가 있고, 나무가 우거진 공원이 바로 근처에 있는 곳입니다. 바람이 세차게 불자 나뭇잎이 서로 마주치며 바스락대는 소리가 들렸어요. 새로운 장소이기 때문에 낯설기는 했지만 의외로 편안한 기분이 들었습니다.

그즈음 사진 수업을 듣고 있었습니다. 저는 제가 살게 된 새로운 공간을 돌아다니며 사진을 찍었어요. 프레임 안에 담기는 모습이 마음에 들었습니다. 아파트 단지에 살고 있는 식물에 관심을 가지게 된 건 아마 그때부터입니다. 인화한 사진을 보며 다시 한번 그 장소를 보게 되었고, 계절이 바뀔 때마다 무의식적으로 같은 장소를 찍었습니다. 식물은 언제나 그 장소에 있었어요. 제각각 화분에 심긴 식물들이 같은 장소에서 꾸준히, 모습을 바꿔가며 나름의 생태계를 이루고 있었습니다.

도시 속 식물들은 아파트라는 주거 형태, 그리고 그곳에 거주하는 사람과 관계를 맺으며 살아갑니다. 오랜 시간 동안 쌓인 그 나름의 관계성과, 장소에 존재하는 식물을 마땅하게 여기는 모습이 자연스러워 보였습니다. 다만, 서늘한 계절이 오면 어느새 주인 없이 남겨져 우뚝 서 있는 화분들을 마주하게 되었습니다. 자꾸만 낯선 모습으로 바뀌고, 때로는 시들어 죽어가는 그 모습이 언뜻 부자연스럽게 느껴지기도 했습니다. 저는 그 모습을 보며 화분 식물이 지속적으로 자랄 수 있을 가능성에 대해서 생각하게 되었습니다.

저는 식물을 좋아하지만 식물에 박식한 사람은 아닙니다. 화분 식물을 자발적으로 키우기 시작한 지도 그다지 오래되지 않았습니다. 화분 식물에 대한 문제의식을 가지게 된 후 돌아보니 저 자신이 얼마나 무지했던지요. 따라서 이 책은 저의 무지로부터 시작된 것입니다. 저 또한 모든 것을 알고 만든 책이 아니라 공부해가며 만든 책이기 때문에 부족한 부분이 있을 수 있습니다. 그럼에도 제 생각과, 새로이 알게 된 지식을 함께 나누고 싶습니다.

어느새 이 아파트는 제가 서울에서 가장 오랜 시간을 보낸 장소가 되었고, 저는 여전히 이곳이 좋습니다. 그리고 이전보다 더 많은 식물들이 저와 함께, 저의 공간에서 살고 있습니다. 물론 아직도 저와 동거하는 식물들이 좀처럼 눈에 들어오지 않을 때가 많습니다. 해야 할 일이 너무 많거나, 한없이 몸이 늘어져 아무것도 못 하겠다 싶은 순간이 그렇지요. 그때마다 제가 무심코 집에 들여온 식물을 생존시켜야 할 책임에 대해서, 완벽하지 못하더라도 노력해야 하는 이유에 대해서 생각하게 됩니다.
이 책을 통해서 그 고민을 함께 나누고, 우리가 집에 들여온 식물과 공생할 수 있는 최소한의 방법을 제안하고 싶습니다.

아파트 단지에 우거진 자연.

1210

화분 식물들의 생태계.

WINIA

아파트 화분 식물들의 흔적.

1

나에게 식물은

내가 자란 장소

내가 자란 곳은 내가 시작된 곳이다.
사방이 산이고 작은 개울이 흐르는 시골 마을은 내 삶에 큰 영향을 끼치고 있다.

그곳은 서울보다 조금씩 더 추운 곳.
여름엔 유독 푸르고 겨울엔 하얗게 쌓인 눈이 쉽게 녹지 않는 곳.
잣나무로 덮인 산에 눈이 내려 여전히 초록인 침엽 위에 쌓이면
따로 크리스마스 트리를 만들 필요 없이 아 겨울이구나, 하고 생각할 수 있는 곳.
서울보다 조용하고, 작은 개 한 마리가 함께 사는 곳.
조금씩 낯설어지는, 그럼에도 사는 내내 계속해서 그리워할 장소.

나는 언제나 조금 덜 소란한 삶을 바란다.

여름날

어느 여름날,
차를 타고 시골 고향 마을의 길을 스쳐 지나가는데 눈을 어디에 두어도 온통 푸른빛으로 가득해, 마치 한 덩어리 커다란 식물의 가운데를 가로지르고 있는 것 같다는 생각이 들었다. 나는 그곳을 그저 지나치고 있었기에 그 정도 생각했을 뿐이지만 가만히 그 안에 머물러 있었다면 나 또한 거대한 식물에 잠식당해 식물, 혹은 그 어떤 다른 것이 되어버릴 것 같았다. 그만큼이나 온통 푸르렀다.

나에게 식물은

식물은 나에게 그냥 존재하는 것, 내가 노력하지 않더라도 훌륭히 또 거대하게 자라나는 울창함 그 자체이다. 사람이 돌보지 않아도 그 안에 폭발하는 생명력이 가득 차 있었다. 알아서 무성하게 자라는 자연은 거대했고, 난 단지 그 거대함의 일부일 뿐이었다. 그리고 난 자연의 웅장함 안에서 위로 받아가며, 또 내 주변을 이루는 그 모든 자연을 당연하게 여기며 자랐다.

그 때문인지 나는 아직도 '화분 식물'이 어렵다. 알아서 자라던 자연을, 내가 주기적으로 관리하고 책임진다는 사실이 아직도 낯설다. 그래도 내가 할 수 있는 일이 뭘까 조금씩 더 생각하게 된다. 집 안으로 들여온 식물은 예상치 못하게 속수무책으로 죽어버리는가 하면 예상치 못하게 잘 살아남기도 한다. 그렇게 내가 가장 편안함을 느낄 수 있는 공간에서 오래도록 함께할 수 있는 식물에 대해 점점 배워간다. 식물과 나, 그리고 함께 살아가는 집. 각각의 관계를 유지하고 균형을 잡는 일에 대한 고민을 한다.

잣나무 산

시골 마을을 둘러싼 산의 나무들은 대부분 잣나무다. 전쟁 이후 불타버린 산에 잣나무를 의도적으로 많이 심었다고 들었다. 아빠는 잣나무만으로 이루어진 산을 보며 비정상적인 모습이라고 이야기하셨다. 자연스럽게 여러 나무들이 뒤섞여 자라야만 건강한 땅이 되고, 나무들이 더 건강하게 자랄 수 있다고. 그게 맞는 말일 거다. 하지만 나는 그 침엽으로 이루어진, 거대한 잣송이가 떨어지는, 사계절 내내 녹색 잎으로 뾰족하게 솟아올라 있는 그 모습을 꽤나 좋아한다.

노을

일주일에 한 번 정도는 붉게 물드는 하늘을 목격한다. 그런 하늘을 보면 초등학교 때까지 살던 집이 생각난다. 돌계단을 올라가 대문을 열면 작고 네모난 마당이 등장하던, 미음자 형태의 한옥을 개조한 오래된 집. 추위가 가시기 시작하면 여기저기서 잡초가 잔뜩 자라났고, 여름이면 습하게 젖어 있는 마당 둘레에 박혀 있던 바위 위에 물이끼가 잔뜩 꼈다. (나는 그 물이끼를 좋아했다.) 대문 옆의 큰 책장과 잔뜩 습기를 빨아 먹은 오래된 책들. 그 공간에서 맡을 수 있던 종이와 나무 냄새. 그리고 그 작은 마당의 흙 내음 사이로 들이치던 붉은빛. 유리 너머 방 곳곳의 색을 바꿔버리던 그 붉음을 잊지 못한다. 벌써 십 몇 년 전 일이지만 그 이후로 이제껏 그런 노을을 본 적 없다.

눈

사실 눈을 그다지 좋아하지 않는다. 지금도 눈이 내리는 날이면, 종아리 중간쯤까지 눈이 쌓인, 사람 발자국 하나 없는 길을 걸어야 했던 날들이 떠오른다. 중학생 때 매일같이 버스 첫차를 타기 위해 새벽 일찍 일어나 고라니나 떠돌이 개의 발자국만 찍혀 있는 눈길을 걸었다. 그런 날이면 유독 더 고요했다. 밤사이 도저히 혼자 갈 수 없을 정도로 눈이 쌓인 날이면 엄마가 눈 치우는 커다란 삽을 밀며 앞장서 길을 만들어주셨지만, 그런 노력에도 불구하고 신발은 항상 젖어들었다. 물을 흠뻑 먹어 축축했다. 늘 그랬다. 그게 싫었고, 눈에 대한 이야기가 나오면 그때 생각이 난다.

식물에 대한 기억

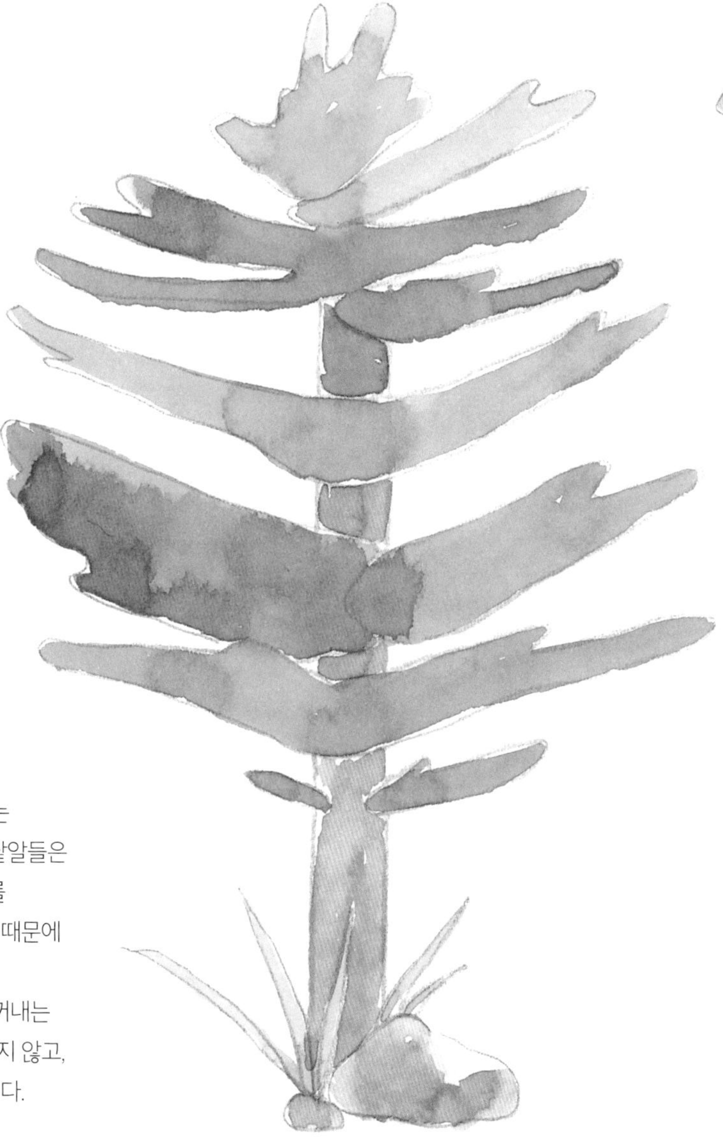

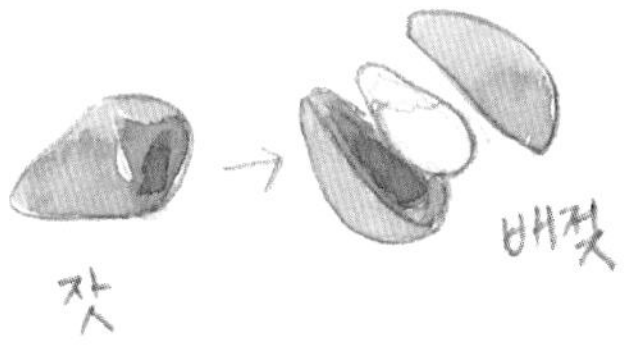

잣나무

커다란 잣송이는 보기에 멋지지만, 먹을 수 있는 알맹이(배젓)가 가장 깊은 곳에 숨어 있다. 잣 낱알들은 또다시 단단한 껍데기에 쌓여 있고 그 껍데기를 깨트려야 드디어 잣 알맹이를 얻을 수 있다. 그 때문에 최종적인 결과물은 처음 시작보다 부피가 많이 줄어든다. 펜치로 잣 껍데기를 깨트려 과육을 꺼내는 일은 조심스럽게 해야 한다. 힘을 덜 주면 깨지지 않고, 힘을 너무 주면 알맹이까지 뭉그러지기 때문이다.

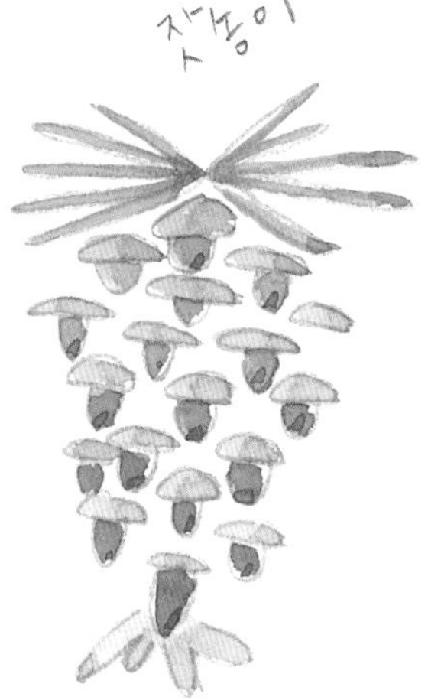

느티나무

여러 갈래로 퍼져 있는 길이 하나로 모이는 마을의 중심에는 마을회관과, 버스 정류장, 아주아주 커다란 느티나무가 있다. 아무리 힘껏 팔을 벌려 나무줄기를 안아보아도 그 절반에도 한참 미치지 못하는 크기의 아-주 오-래 살아온 느티나무. 그 덕분에 무더운 여름에도 선선한 넓은 그늘이 생겼다. 바람이 불면 이파리들이 서로 부대껴 더 시원한 바람을 만들어냈다. 가을이 오면 올챙이처럼 꼬리가 달린 무수히 많은 씨앗들이 빙글빙글빙글 돌며 땅으로 떨어졌다.

오디나무

집 뒤편으로 돌아 나가면 언덕 위에 커다란 오디나무 두 그루가 있었다.
여름이 오면 까맣고 굵은 알알의 오디가 나무에 맺히고 이내 비가 내리듯
우수수 떨어졌다. 우리 가족은 아주 두툼하고 커다란 비닐을 나무 아래
깔아놓고 떨어진 오디를 주웠다. 그렇게 주운 오디를 바로 먹거나 무르기
전에 잼을 만들거나 술을 담가 겨울이 끝날 때까지 먹었다.
오디에서는 오묘하게 달콤한 맛과 약간의 시큼한 맛이 동시에 났다.
입가를 보랏빛으로 물들이던 검붉고 작은 열매. 서울에서는 오디를
흔하게 팔지 않지만, 그 집에서 오디는 그 계절 아주 일상적인 열매였다.

밤나무

중학교에 입학하면서 같은 동네에서 더 안쪽으로 이사했다. 마을에서 좀 떨어진 터에 외딴섬처럼 아빠가 직접 집을 지으셨다. 그 집에 딸린 작은 밭 한편에는 이미 다 자란 밤나무가 있어 가을만 되면 밤을 제법 많이 떨어트렸다. 고슴도치 같은 밤송이가 갈색으로 여물어 터지면 그 속에서 단단한 밤 알맹이들이 굴러나온다. 터지지 않고 떨어진 밤송이는 나무 막대나 기다란 철제 집게로 찌르고 벌린다. 그렇게 직접 벌린 밤송이에서 밤을 꺼내거나 수풀 곳곳에 떨어진 밤 알맹이들을 줍곤 했다.

풀

달래 — 토끼풀 — 질경이 — 강아지풀

달래

어릴 적에는 가끔씩 뒷산에 올라 달래를 찾아다녔다. 시골 마을에서 할 수 있는 일종의 놀이라고나 할까. 달래를 찾으면 산삼이라도 찾은 양 '심봤다!' 하고 외쳤는데, 내가 외치는 경우는 극히 드물었다. 달래는 신경 써서 둘러보지 않으면 찾기 어려운 식물이다(라고 생각했다). 다듬어 요리하면 특유의 강렬한 향이 봄 그 자체를 말해주는 것 같지만 사실 잎의 모양은 실파 같기도 하고 별로 특이할 게 없다. 그럼에도 다들 곧잘 달래를 찾아냈다. 신기한 일이다.

토끼풀

토끼풀은 어디에나 많았다. 집 앞에도, 종종 트램펄린을 타러 갔던 마을 입구의 폐쇄된 분교 운동장에도, 밭둑에도, 버스 정류장에도. 어디에서나 쉽게 보이는 그 풀을 아무 곳에서나 수그리고 앉아 자주 뒤적거렸다. 행운의 네 잎 클로버를 찾겠다는 의지는 딱히 없었다. 세 잎 클로버의 꽃말이 행복이라고 하던데, 사실 행운보다는 행복이라는 단어가 더 좋게 느껴졌다. 나는 그저 뒤적거리며 풀을 고르고, 꽃을 엮어 팔찌나 반지 따위를 만들어 어린 동생의 팔목에 묶곤 했다.

질경이

질경이는 뽑아내거나 뜯어내려 해도 좀처럼 뽑히지도 뜯기지도 않는 잡초다. 옛날부터 식용이나 약용으로 사용되어왔고, 실제로 질경이의 성분을 사용해 만든 제품을 판매한다는 사실은 최근에서야 알게 되었다. 나에게는 창고로 사용하는 방 뒤편의 흙길을 뒤덮어 장악해버린, 절대 뿌리 뽑을 수 없었던, 몹시 존경스러운 생명력을 가진 식물로 기억에 남아 있다.

강아지풀

강아지처럼 보송보송해서 강아지풀일까. 사실 송충이를 더 닮았다. 어릴 적 길 가장자리로 걸어가다가 괜히 하나씩 뽑아서는 흔들며 다녔다. 그러고 보니 흔들거리는 모습이 꼭 강아지 꼬리 같기도 하다.

민들레

씨가 다 날아가고 남은 꽃대를 결대로 얇게 찢어 물에 담그면 꼬불꼬불 말려 들어간다. 개울가의 넓적한 바위에 앉아 말려 들어가는 꽃대를 하염없이 바라보다 보면 시간이 빠르게 흘러갔다. 낮은 금방 저녁이 되어 있었고, 해가 저물어 하늘이 푸르스름하거나 붉어질 쯤 집에 돌아가면 저녁 식사 때가 되어 있었다. 핸드폰이나 노트북 없이도, 특별한 사건이 일어나지 않더라도 시간은 잘 갔다.

엉겅퀴

환영 받는 들꽃은 아니었지만 길 한편 어딘가에는 항상 엉겅퀴가 있었다. 온통 가시투성이에 투박한 잎사귀, 마찬가지로 가시가 가득한 줄기 끝에 피는 짙은 자주색 꽃은 의외로 부드러운 질감을 가졌다. 조심스럽게 손끝으로 그 꽃을 쓰다듬으면 좋은 기분이 들었다. 그런 보들보들한 감촉을 좋아한다. 가을이 되면 그 부분이 하얀 솜털처럼 변해 부풀어올랐다. (민들레 홀씨와 유사하게!)

계란꽃

개망초가 본명인가 본데 나는 언제나 그냥 계란꽃이라고 불렀다. 노란 중심에 둘러 나 있는 빽빽한 꽃잎은 새하얘서 꼭 계란프라이의 미니어처 같다. 소꿉놀이하기에 딱 좋은 모양새.

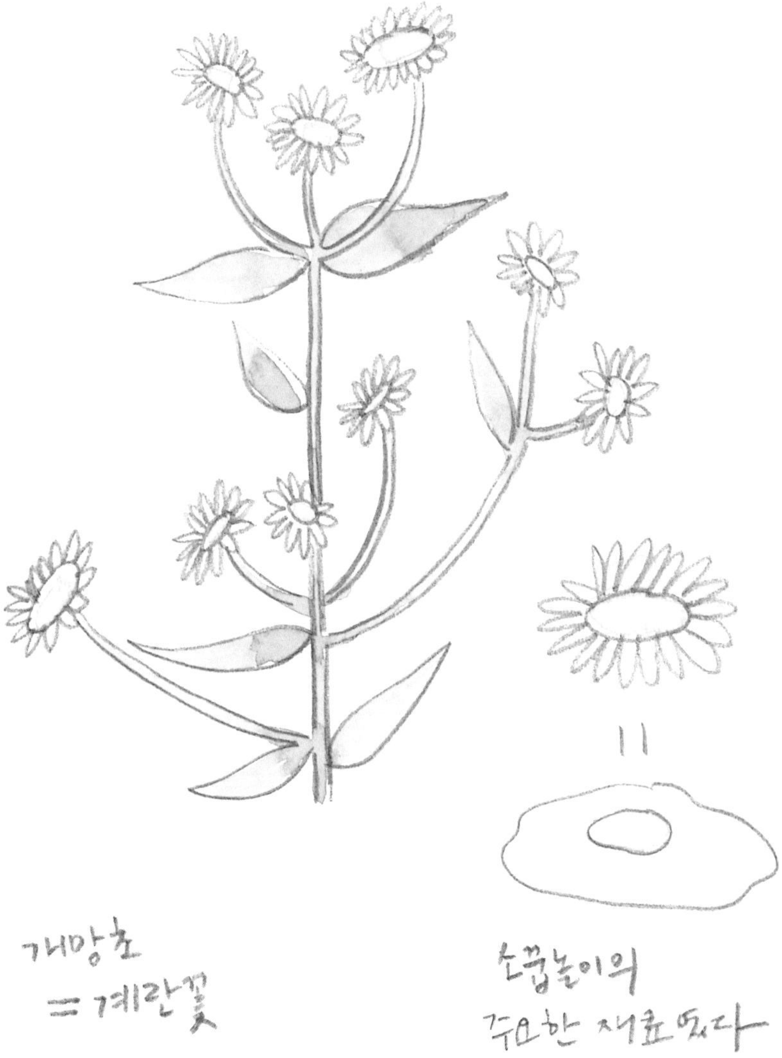

애기똥풀

애기똥풀의 줄기를 꺾으면 꽃잎과 똑같은 노란색을 가진 끈적한 액체가 흘러나온다. 이것을 매니큐어처럼 손톱에 바르며 놀았다.

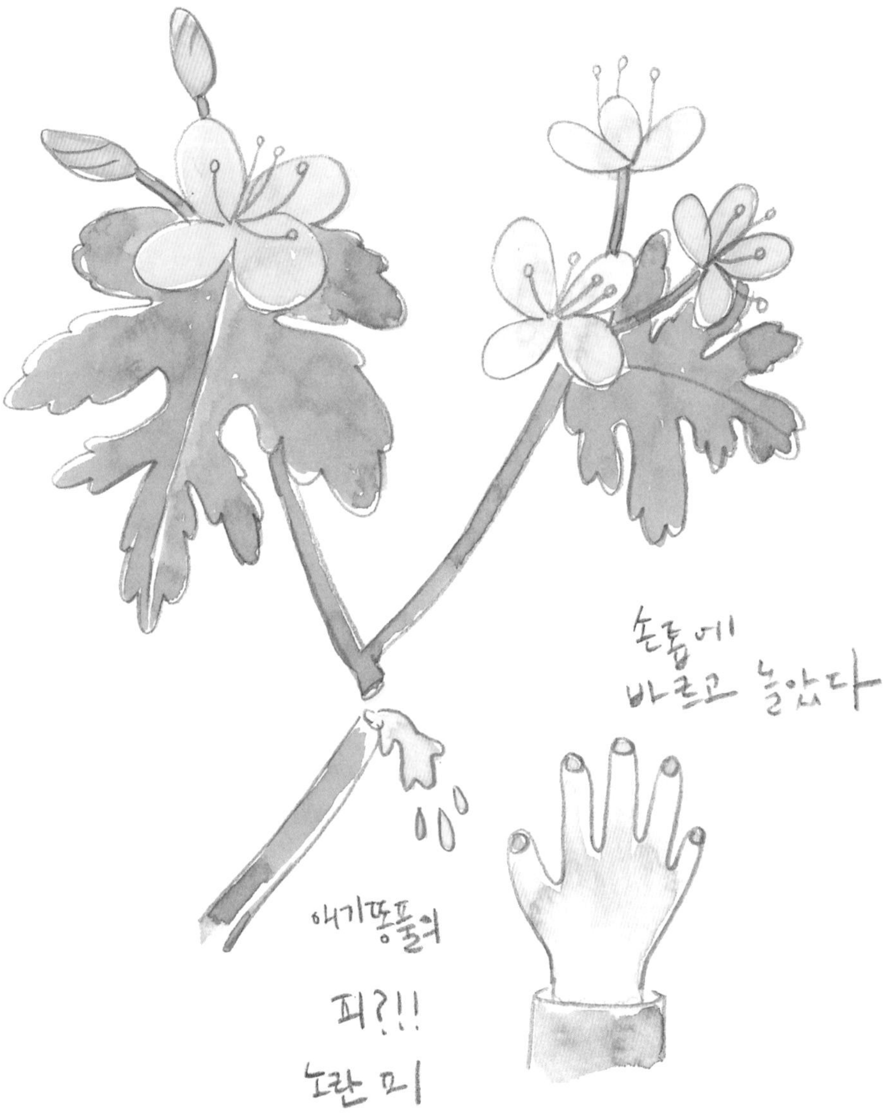

제비꽃

제비꽃은 우아한 꽃이다. 크기는 작아도 어쩐지 함부로 손을 대기 어려워 그저 한참 바라만 보곤 했다.
보라색 꽃잎이 슬쩍 고개 숙인 모습과 사방으로 펼쳐져 있는 잎들이 조화롭고 단단해 보였다. 작은 식물들은 오래 들여다볼수록 아름다웠고, 제비꽃은 그중에서도 특히 강한 아우라를 가지고 있었다.

2

식물 성장 가이드

기본 생활

왜 자꾸만 식물이 죽는 걸까?

햇빛, 물 주기, 통풍, 적절한 분갈이는 식물을 키우는 데 꼭 필요한 요소이다. 식물의 상태나 환경에 맞게 각 요소들을 충족시키기 위한 고민과 노력이 필요하다.

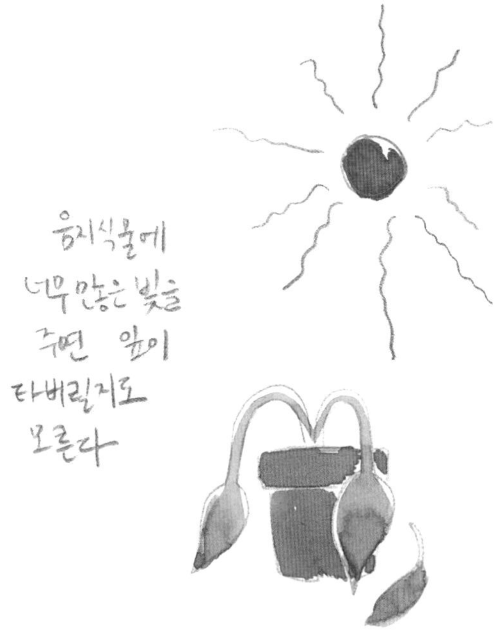

햇빛

빛이 잘 들지 않는 집에서 양지식물을 키우거나, 해가 쨍쨍하게 드는 베란다에 음지식물을 두면 문제가 생긴다. 식물이 생기를 잃고 시들거나, 잎이 타들어갈 수 있다. 필요한 양에 비해 빛이 부족한 식물은 위로 웃자라 튼튼하고 풍성하게 자라지 못하고 연약하다. 적절한 자연광은 식물의 생장을 돕지만 너무 갑작스럽거나 과도한 햇빛은 식물을 말려 죽일 수 있다. 공간의 광도를 고려하여 배치를 결정하는 것은 식물을 키우는 데 상당히 중요하다.

분갈이

저렴하게 구매한 작은 식물이 담겨 있는 플라스틱 화분의 흙은 식물이 안정적으로 자라기에는 척박한 환경이다. 너무 단단해서 물이 고르게 스며들지 않으며, 영양이 부족한 경우도 많다.
식물이 계속해서 자라기 때문에 식물 크기에 비해 화분이 너무 작아 뿌리가 뻗어나갈 공간이 부족한 경우가 있다. 이때도 분갈이가 필요하다.
화분과 흙에 따라 배수와 통풍 정도가 다르므로 식물마다 적합한 흙과 화분을 선택해야 한다.

과습

제때 물을 주지 않아 말려 죽이는 일만큼, 너무 잦은 물 주기로 식물이 죽는 일 또한 자주 발생한다. 건조에 강한 식물에게 물을 너무 자주 주면 과습해서 뿌리가 썩을 수 있다. 다육질 잎을 가진 식물이 여기에 해당한다. 허브 같은 식물은 물을 좋아하기는 하지만 뿌리는 건조하고 통풍이 잘되는 환경을 선호하기 때문에 화분과 흙 선택에 유의해야 한다. 화분 겉흙이 말랐을 경우 물을 흠뻑 주면 되는 식물이 많지만 이 하나의 방법만 답은 아니다.
각 식물에게 필요한 물의 양과 사용된 토양의 배수 상태를 고려한 물 주기가 필요하다.

통풍

공기를 순환시키려면 통풍이 필요하다. 문이나 창문을 한쪽만 열기보다는 양방향으로 함께 열어 공기가 지나가도록 하는 것이 좋다. 신선한 공기가 순환하면서 식물 주변의 오염 물질이나 이산화탄소 등 정체된 공기를 날려준다. 통풍이 잘되는 환경이라면, 과습이나 병충해의 위험도 낮아진다. 기온이 낮은 겨울철 또한 환기가 필요하다. 창문에서 화분들을 떨어트려 놓고, 잠깐씩이라도 환기를 시켜주는 게 좋다.

건강한 식물 고르기

건강한 식물은 한눈에 보기에도 풍성하고 튼튼하며 균형 잡혀 보인다.
잘 모르겠다면 일단 '보기에 좋은 식물'을 고르자.

뿌리와 줄기가 단단한 식물

줄기가 잎을 잘 지탱할 수 있을 정도로 두께가 있고 단단한 식물이 좋다. 빛과 영양이 부족해 위로만 길게 웃자란 식물은 연약하기 때문에 피한다. 풍성하고 균형이 맞아 보이는 식물을 선택한다. 줄기뿐 아니라 뿌리가 흙에 충분히 뿌리 내렸는지도 확인한다. 살짝 흔들었을 때 흔들림이 적은 화분을 선택한다.

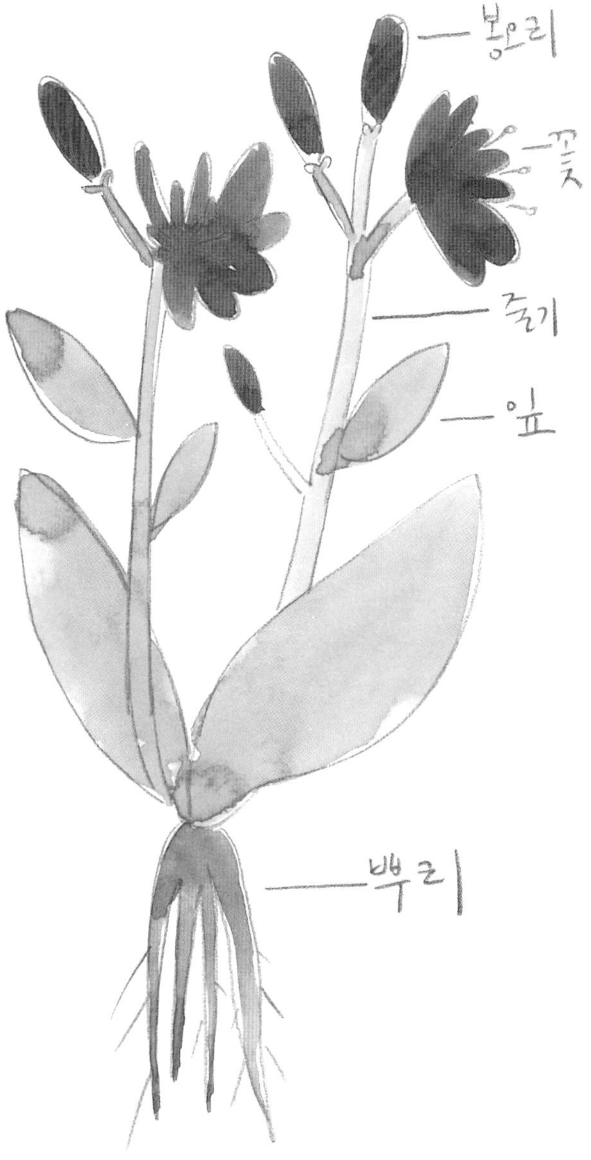

잎이 건강한 식물

잎 크기가 고르고 윤기 나는 식물을 고른다. 변색되었거나 연약한 잎이 많은 식물은 피한다. 줄기에 잎이 고르게 나 있는지, 잎에 상처가 많거나 말라가고 있지는 않는지 또한 체크한다. 잎을 뒤집어 벌레의 기생 여부도 확인한다.

꽃봉오리가 적당히 달린 식물

이미 만개한 식물보다는 튼튼한 꽃대가 여러 개 올라오기 시작한 식물을 고른다. 그래야 꽃이 피어나는 순간부터 질 때까지 더 오래도록 꽃을 관상할 수 있다. 봉오리만 있는 식물은 환경 변화에 따라 꽃이 피지 않을 수도 있으니 한두 송이 피어 있는 식물을 고른다.

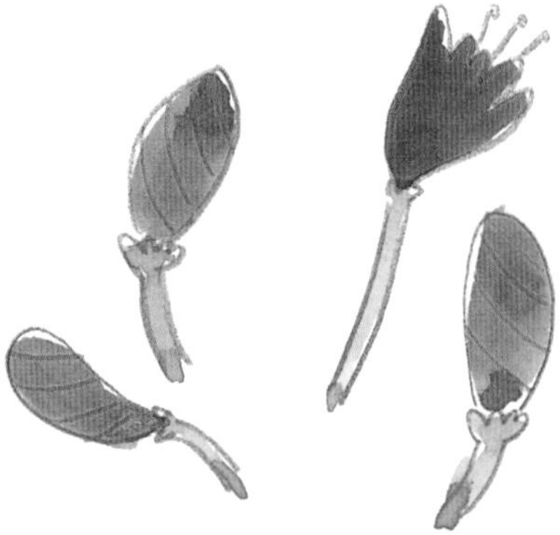

흙과 영양

흙의 종류

일반 화분 식물은 마사토와 배양토의 비율 조절만으로도 충분히 분갈이가 가능하다.

혼합 흙

배양토

가게에서 손쉽게 살 수 있는 흙으로 고운 흙과 모래, 거름을 인위적으로 적절히 섞어 만든 것이다. 배양토만으로 분갈이 가능한 화분 식물도 많다.

상토

퇴비와 흙을 섞어 만든 부드럽고 가벼운 흙이다. 입자가 곱고 영양이 풍부하기 때문에 씨앗, 모종을 키우는 데 적합하다.

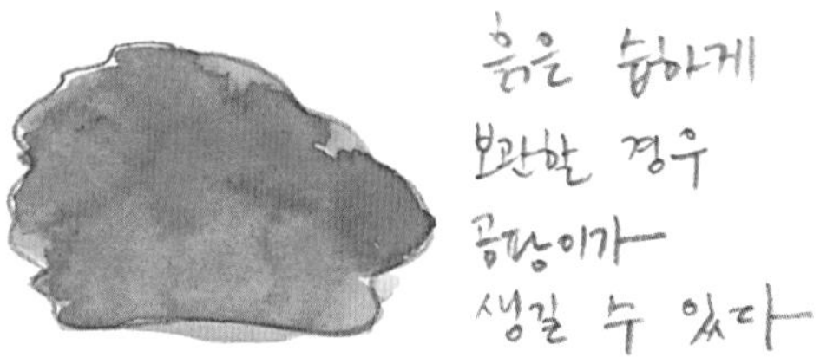

단일 흙

마사토(배수)

입자가 굵고 단단해서 배수가 잘된다. 과습을 주의해야 하는 식물을 키울 때 사용한다. 화강암이 풍화되어 만들어진 흙으로, 작은 돌멩이라고 생각하면 된다. 굵기별로 판매하기 때문에 필요에 따라 골라 사용할 수 있다. 돌 조각이기 때문에 다소 무겁다. 사용하기 전에 깨끗한 물에 씻어 흙이나 이물질 들을 제거하면 배수가 더욱 잘된다.

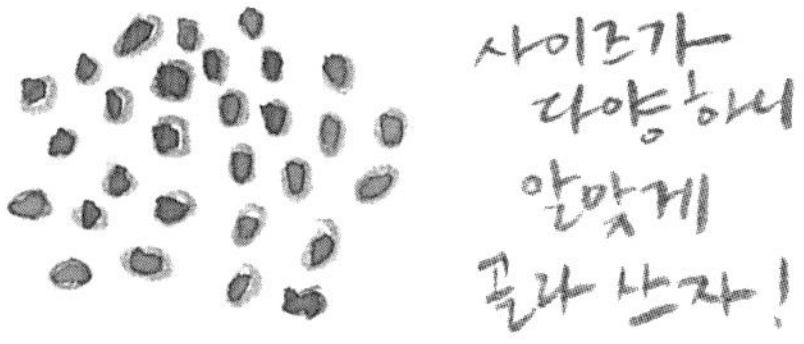

펄라이트(배수)

돌멩이를 고온에서 팽창시킨 인공 토양이다. 원활한 배수를 위해 다른 흙과 섞어 사용한다. 탄성이 좋고 가볍다. 화분에 겉흙으로 뿌릴 경우 물을 줄 때마다 떠오르니 주의한다.

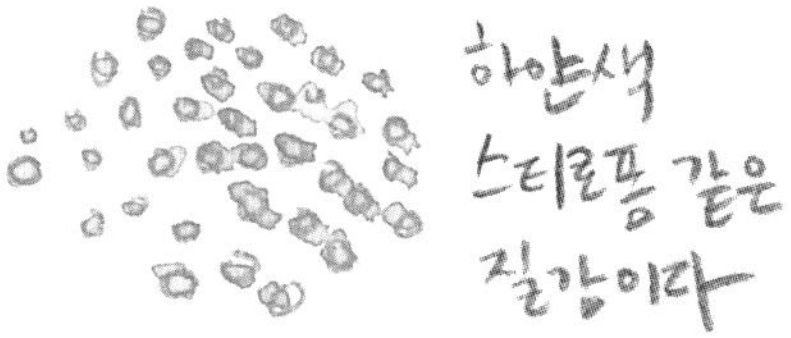

바크(배수/보습)

나무 껍질이나 줄기 조각으로, 입자가 굵어 물 빠짐이 좋으나 나무 조각이기 때문에 습기를 오래 머금고 있어 보습력 또한 좋다. 난을 키울 때나 분갈이 후 표면을 덮는 재료로 사용한다. 습기가 오래 지속되면 곰팡이나 벌레가 생길 수 있으니 여름철에는 주의가 필요하다.

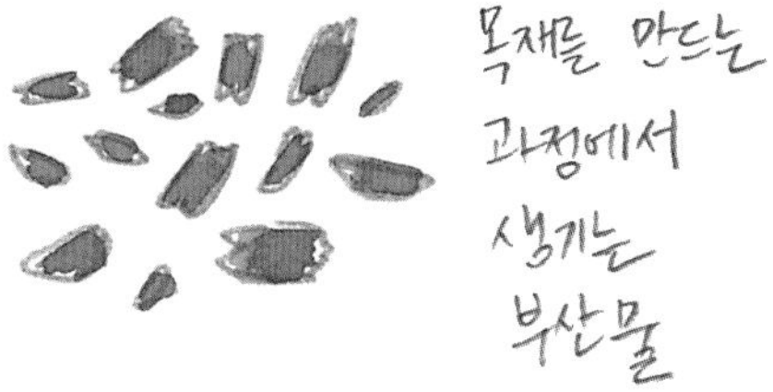

부엽토(영양)

낙엽과 잔가지가 미생물에 의해 분해되어 만들어진다. 수분과 영양분이 충분하다. 거름 역할을 하는 흙으로 다른 흙이나 모래와 적절히 섞어 사용한다.

피트모스(보습)

늪지의 흙과 생물이 부식되어 만들어진다. 입자가 곱고 부드러우며 물을 오래도록 머금는다. 산성 토양에 강하고 항상 촉촉한 상태를 요구하는 식물에 적합하다.

수태(보습/항균)

물이끼. 생수태보다는 건수태를 구입하여 물에 불려 사용한다. 물기를 오래 머금으면서도 항균 작용이 높아 병충해에 강한 재료로 인기가 높다. (식물의 뿌리를 수태로 감싸 끈으로 고정시킨 둥근 모양의) 토피어리를 만들 때 사용하는 주재료이다.

식물군별 흙의 사용

제시된 흙의 종류와 비율이 언제나 최선은 아니며 분갈이 경험을 통해 각자의 환경에 맞는 흙의 종류와 비율을 파악할 수 있다.

관엽식물

배양토

바닥에 마사토를 깔고, 배양토와 마사토를 섞어 사용한다. 배수가 중요한 식물이라면 마사토를 더 많이 사용한다. 대부분 관엽식물은 배양토만으로도 분갈이가 가능하다.

다육식물

배양토 + 마사토/펄라이트 50% 이상

원활한 배수가 아주 중요한 식물이다. 배양토와 마사토를 5:5 비율로 섞으면 무난하다. 집 안 환경이나 식물 성향에 따라 마사토의 비율을 늘린다.

양치식물

피트모스 70% + 펄라이트 30%

양치식물은 습한 환경을 좋아한다. 적절한 보습력이 중요하다. 피트모스와 펄라이트를 7:3 비율로 섞어 사용한다.

허브

배양토와 상토 + 마사토/펄라이트 50% 이상

충분한 영양과 수분이 필요한 식물이지만, 원활한 배수와 통풍 또한 아주 중요하다. 성장이 빠른 경우가 많기 때문에 밑거름을 주어 영양분을 충분히 보충한다. 마사토를 화분 밑에 깔고 배양토와 함께 거름 역할을 하는 상토를 섞어 화분을 채운다. 배양토와 상토를 섞은 후 마사토나 펄라이트와 5:5 비율로 섞는다.

꽃

배양토 + 상토 + 거름

꽃을 피우는 데 상당한 영양이 필요하기 때문에, 분갈이용 배양토와 상토, 거름을 함께 사용한다.

식충식물

피트모스

항상 촉촉한 상태를 유지해야 하는 식물이다. 피트모스를 주로 사용하며, 마사토와 5:5 비율로 섞어 사용하기도 한다.

이끼

마사토 + 부엽토

공중 습도만 적절하게 유지된다면, 흙이 필요 없는 이끼 종류도 있지만, 비단이끼는 부엽토 위에서 키우면 좋다. 바닥에는 마사토 등의 굵은 모래를 깔아 배수 공간을 만들어준다.

영양제의 필요성

자연의 식물은 땅에서 영양을 흡수해 성장하기 때문에 따로 양분을 보충할 필요가 없지만, 집에서 키우는 화분 식물은 일정한 영양을 인위적으로 보충해주어야 한다. 다만 식물의 생장이 멈추거나 느린 계절에는 뿌리 또한 느리게 호흡하기 때문에 과도한 영양은 뿌리를 썩게 할 수 있다.

유기질 비료

자연의 물질들이 썩어서 만들어진다. 화분 속에서 흙과 섞여 부식되는 과정을 거치기 때문에 효과가 천천히 나타나지만 오래 지속된다. 토양 구조 자체를 개선하여 흙의 질을 높여주므로, 분갈이를 할 때 밑거름으로 넣으면 좋다. 효과를 원하는 시기보다 한두 달 일찍 비료를 사용한다.

무기질 비료

식물에게 필요한 화학 성분이 포함된 영양제로, 효과가 빠르고 사용이 간편하다.
알 모양(3개월 주기), 앰플형(2주 주기), 희석형(1주 주기), 분말형(1주 주기) 등이 있다.

알 모양

동그란 알 모양으로 생긴 비료이다. 화분 겉흙에 뿌려두면, 물을 줄 때 서서히 녹아 흡수된다.

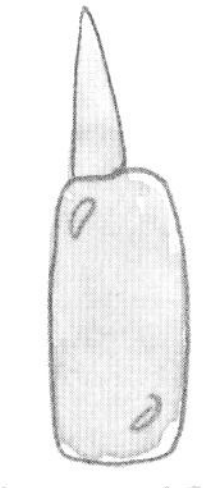

앰플형

작은 플라스틱 용기에 담긴 액체 비료로 꼭지를 따서 식물 뿌리 근처에 꽂는다. 너무 가깝게 꽂으면 과비의 원인이 될 수 있으니 어느 정도 간격을 두고 꽂는다. 작은 화분에는 하나, 큰 화분에는 두 개가 적당하다.

희석형

고농축 액체 비료로 물에 희석해서 사용한다. 흡수율이 높아 효과가 빠르게 나타나지만 오래도록 지속되지는 않는다.

분말형

입자가 작은 가루 비료이다. 물에 풀어 사용한다. 흡수율이 높아 효과가 빠르게 나타난다.

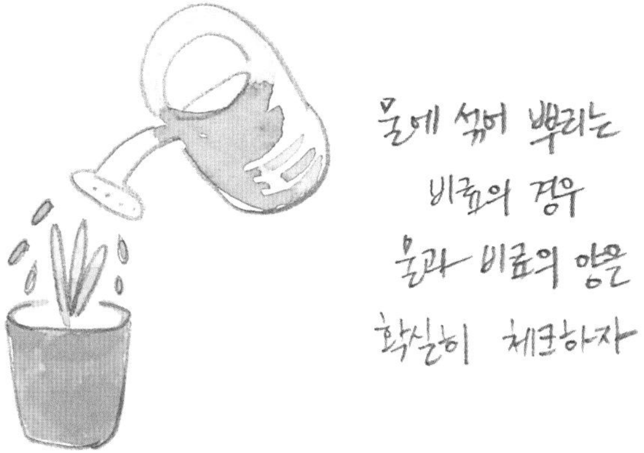

물 주기

기본적인 물 주기

물 주기는 흙이 말랐을 때 흠뻑 주는 것이 기본이다. 물 주기 관리가 어려운 경우 수경 재배나 저면 관수도 가능하다. 공중 습도가 높아야 하는 식물은 수시로 살수 관수한다.

흠뻑 주기

가장 기본적인 물 주기 방법이다. 흙이 바짝 마르고 잎이 처질 기미가 보이면 화분 밑 물구멍으로 빠져나올 정도로 물을 흠뻑 준다.
조금씩 자주 주는 것보다 한 번 충분히 주는 것이 좋다. 그래야 화분 속 흙 전체가 골고루 적셔진다. 수돗물은 받아놓고 하루 정도 실온에 두었다가 주는 것을 추천한다.

저면 관수

주기적인 물 공급이 어렵다면 저면 관수를 추천한다. 화분을 물에 담가 뿌리가 아래에서부터 물을 흡수하도록 하는 방식이다. 물을 주다 보면 흙 표면이 파이거나 물이 흘러내리는 길이 고정되기도 하는데, 이를 방지하기 위해서 종종 저면 관수를 하면 좋다. 화분 높이 1/3까지만 잠기게 하고 반나절 정도 담가두면 겉흙까지 촉촉해진다.
흙이 단단해지는 것을 막고, 흙이 골고루 적셔진다.

살수 관수 (feat. 분무기)

분무기로 잎에 물을 뿌리는 물 주기 방식이다. 공중 습도가 높아야 하는 식물은 흠뻑 주기에 살수 관수를 더한다. 다육식물은 잎에 물이 닿지 않는 것이 좋으므로, 잎에 물이 닿아도 괜찮은 식물과 그렇지 않은 식물을 파악한다.

수경 재배

토양 없이 식물을 재배하는 방식이다. 식물을 키울 때 토양은 없어도 되는 경우가 있지만 습도나 물 없이 살아남는 식물은 없다. 수염뿌리가 발달한 외떡잎식물이 주로 수경 재배에 적합하다. 튤립이나 히아신스, 수선화 같은 구근식물이나 베고니아, 제라늄, 메리골드와 같은 화초류 또는 페페로미아, 아이비, 행운목, 스파티필룸 등의 관엽류는 대체로 수경 재배가 가능하다.

계절별 물 주기

물 주기는 계절뿐 아니라 공간의 특징, 식물의 상태, 통풍, 화분의 종류, 흙의 배합에 따라서도 달라진다는 것을 잊지 말자.

봄, 가을

봄, 가을에는 겉흙이 마르고 잎이 약간 처졌을 때는 물을 바로 주는 것이 좋다. 보통은 일주일에 한 번 정도 물을 준다. 여름처럼 덥고 햇볕이 뜨겁지 않기 때문에, 잎이 좀 처졌더라도 물을 주면 다시 잘 살아난다. 물은 햇빛이 강렬하지 않은 아침이나 이른 저녁에 주는 것이 좋다.

겨울

물의 증발이 느린 추운 계절, 월동 중인 식물은 흙이 말랐는지 확인하고 뿌리가 마르지 않을 정도로 물을 준다. 여름보다는 물 주기의 간격을 길게 잡는다. 흙이 바짝 마르고 잎이 처졌다면 바로 물을 준다. 다만 온도를 확인하고 기온이 너무 낮으면 자제한다. 추운 계절에는 낮에 물을 줘 화분의 온도를 올려주는 것이 좋다.

여름(건조)

장마철이 아닌 여름에는 금세 화분이 마르므로, 흙이 다 마르기 전에 물을 자주 준다. 여름에는 낮 온도가 상당히 높은데 오후에 물을 주면 화분의 온도가 더 높아질 우려가 있다. 새벽이나 저녁에 물을 주고, 하루에 한 번으로 부족하다면 두 번 다 준다.

여름(장마)

같은 여름이어도 장마철에는 몹시 습하다. 물을 자꾸 주면 곰팡이가 필 우려가 있다. 해 또한 덜 나고 흙의 수분이 금방 마르지 않기 때문에 과습으로 뿌리가 썩기 쉽다. 그렇다고 물을 아예 안 주면, 건조한 곳의 식물은 물 부족으로 죽을 수 있으니 식물에 따라 겉흙이나 속흙의 마름 정도를 꼭 확인하는 것이 좋다. 다육식물은 장마철에는 물을 아예 주지 않아도 좋다. 이 시기에는 빛이 잘 들지 않아 웃자라기 쉬운데, 물을 자주 주면 웃자람 속도가 더 빨라진다.

분갈이

분갈이 도구

원활한 분갈이를 위해서 필요한 도구들을 미리 준비한다.

<삽>

흙을 화분 안으로
적정량 옮겨 담을 때
필요하다

<장갑>

목장갑을 끼고
작업을 하면
손톱에 흙이
끼지 않을 수 있다.

<흙>

분갈이하려는
식물에 알맞게
흙을 선택해
준비해야 한다

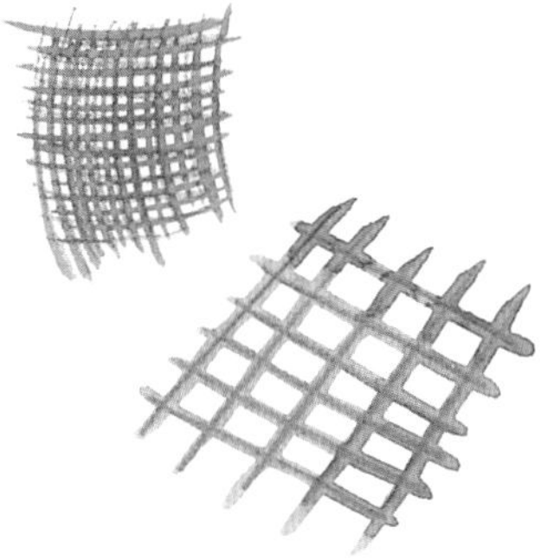

〈흙 빠짐 방지망〉

화분의 물구멍으로
흙이 빠져나가지 않도록
받쳐주는 역할을 한다
양파망으로도 가능하다

〈전보다 커다란 화분〉

식물이 성장한 만큼
사이즈가 큰 화분을
준비해 준다

〈물뿌리개〉

식물을 심은 후에는
물을 줘야 한다.
없을 경우 컵에 물을 담아
주어도 괜찮지만,
흙이 파이지 않도록
주의 해야 한다

분갈이 방법

화분 식물이 더 좋은 환경에서 자랄 수 있도록 다른 화분으로 옮겨 심는 것을 분갈이라고 한다.
오랫동안 분갈이를 하지 않으면 흙이 굳어 통풍이나 배수가 잘되지 않고 뿌리가 썩을 우려가 있다.
일정한 시기가 되면 식물이 잘 자랄 수 있도록 분갈이를 해야 한다.
식물이 활발히 자라 개체수가 많아진 경우, 뿌리를 나누어 여러 화분으로 옮겨 심는다.
너무 춥거나 덥지 않고, 식물이 활발하게 생장하는 봄에서 여름 사이(4~6월경)가 적절하다.
분갈이할 경우 이전 화분의 흙을 다 떨어내지 않는 것을 권장한다.

분갈이는 언제 해야 할까?

식물이 화분에 비해 지나치게 커졌다면 분갈이가 필요하다. 식물이 커진 만큼 뿌리도 커졌기 때문에, 뿌리가 충분히 생장할 수 있는 새롭고 넓은 환경이 필요하다.
식물의 잎이 누렇게 시들거나 말라 들어간다면 이 경우에도 분갈이를 염두에 두어야 한다. 물론 잎이 시드는 이유에는 영양소 과잉, 병충해, 물 조절 실패 등 다양한 이유가 있지만 별다른 이유를 파악하기 어렵다면 분갈이를 통해 새롭고 깨끗한 흙을 제공하는 것이 좋다.

분갈이하기

① 식물보다 약간 더 큰 화분을 사용한다. 식물에 비해 화분이 너무 크면 과습의 위험이 있으니 주의한다. 흙을 담았을 때 흙이 흘러내려가지 않도록 화분 물구멍을 흙 빠짐 방지망이나 양파망으로 막는다.

② 흙을 일정량 넣고 그 위에 거름이나 거름 역할을 할 흙을 담는다. 흙을 조금 더 넣은 다음 식물의 위치를 잡고 식물 주변으로 흙을 채운다. 이때 뿌리 주위의 흙을 전부 떨어내지 않고 함께 심으면 식물이 새 환경에 적응하기 쉽다. 거름층은 무기질 비료로 대체할 경우 생략한다. 거름을 사용할 때는 거름과 뿌리가 직접 닿지 않도록 주의한다.

③ 물을 줄 때 물이 고일 수 있는 공간(1~2cm)을 남기고 흙을 채운다.

④ 다 심고 나면 흙이 흠뻑 젖을 정도로 물을 준 후 일주일 정도 그늘에 둔다.

분갈이
필요

뿌리에 묻은 흙을
전부 다 떨어내지
않고 분갈이를 해주면
식물이 새로운 화분에서
더 쉽게 적응한다

거름과 식물의
뿌리가 직접적으로
닿지 않도록 한다

* 다육식물은 분갈이 후에 물은 바로
주지 않고 일주일 정도 지나
뿌리가 자리 잡으면 흠뻑 준다

화분의 종류

화분의 종류 또한 식물 생장에 큰 영향을 미친다.
통풍이 잘되는지, 물을 충분히 잘 머금고 있는지, 얼마나 가볍고 또 무거운지 고려하여 화분을 선택한다.

플라스틱

무게 아주 가벼움 | **강도** 보통
장점 디자인이 다양하며 쉽게 구매할 수 있다.

기본적으로 화분을 처음 사면 플라스틱 화분에 담겨 있는 경우가 많다. 가볍고 저렴하며, 색상과 모양이 매우 다양하다. 다만 직사광선에 두었을 때 화분 속 흙의 온도가 쉽게 높이 올라가 뿌리에 무리를 줄 수 있으니 조심한다. 가볍기 때문에 위치를 이동하거나 들고 다니기 편리하다는 장점이 있다. 실외에 둘 경우에는 강한 바람에 쉽게 넘어질 우려가 있다.

도자기

무게 무거움 | **강도** 약함
장점 무게감과 위엄이 있어 선물용 화분으로 유용하다.

점잖고 우아한 멋을 가지고 있어서 고급스러운 느낌을 내고자 할 때 많이 사용한다. 무겁기 때문에 큰 화분은 한번 배치해두면 이동이 쉽지 않다. 옹기나 토분에 비해 배수와 통풍이 덜된다.

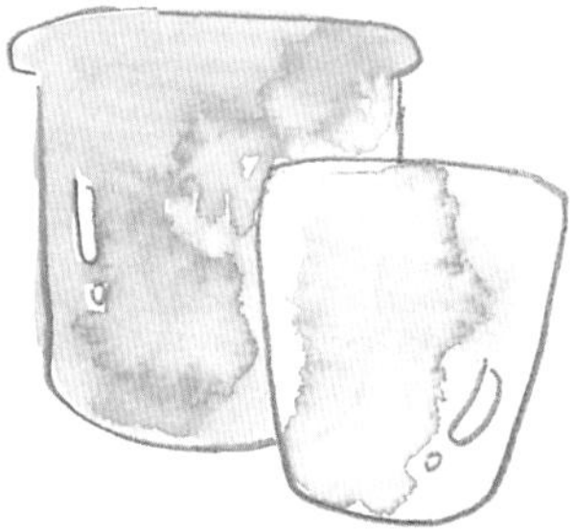

토분(테라코타)

무게 보통 | **강도** 아주 약함
장점 수분의 흡수와 배출이 아주 원활해 과습의 우려가 적다.

흙으로 빚어 유약을 바르지 않고 초벌구이만 한 화분으로 식물을 재배할 때 이상적이다. 화분 종류 가운데 가장 통기성이 좋다. 안쪽 수분을 흡수해서 밖으로 배출하는 능력이 탁월하기 때문에 과습에 대한 걱정이 적다. 다만 화분의 표면에 물 자국이 남는다. 축축한 상태를 좋아하는 식물보다는 허브처럼 물을 좋아하지만 과습을 주의해야 하는 식물을 키우는 데 좋다.

옹기

무게 무거움 | **강도** 약함
장점 예스러운 멋이 있으며 공기 순환이 원활하다.

황토로 만들어진 그릇이다. 도자기에 비해 숨쉬는 옹기는 통풍이 잘된다. 운치 있고 고풍스러운 멋을 내기에 좋다. 옹기 뚜껑을 사용해서 수경 재배 식물을 키우기도 한다.

꺾꽂이로 개체 수 늘리기

삽목 = 꺾꽂이

꺾꽂이는 모체 식물의 줄기나 잎(잎꽂이)을 잘라내어 새로운 개체로 자라게 하는 방식을 말한다. 꺾꽂이가 가능한 식물과 불가능한 식물이 있으니, 식물 정보를 충분히 파악한 후 꺾꽂이에 도전해보자. 식물에 따라 절단면에서 독성액이 흘러나올 수 있다. 절단된 식물은 뿌리가 없기 때문에 적당한 환경이 주어지지 않으면 탈수로 죽을 수 있다. 다만 다육식물의 경우 심기 전에 상처 난 부위를 말려주는 과정이 꼭 필요하다.

성공적인 꺾꽂이를 위한 요소

① 촉촉한 환경이 필요하다. 다만 과습하면 절단면이 썩을 우려가 있다. 젖은 흙이나 물에 담가 식물이 뿌리를 내릴 수 있도록 돕는다.

② 꺾꽂이 후에 물이 화분 아래로 빠질 정도로 물을 충분히 준다. 처음 준 물이 거의 다 마르기 전에는 다시 물을 주지 않는다.

③ 적당히 그늘진 환경이 필요하다. 식물이 새로운 환경에 적응할 수 있도록 일주일 정도 그늘에서 적응 기간을 가지는 것이다. 갑작스러운 환경 변화에 식물이 죽는 것을 방지한다.

④ 새로 난 가지는 봄에, 목질화된 단단한 가지는 가을에 자르는 것이 좋다.

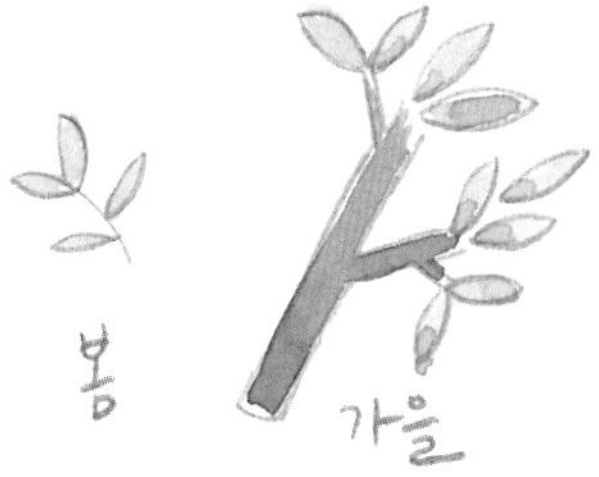

⑤ 다육식물은 잎을 절단하거나 자구(새로 자라는 새끼개체)를 떼어낸 후 상처 난 끝 부분을 말린다. 그 후에 물을 분무해주면 뿌리가 나온다.

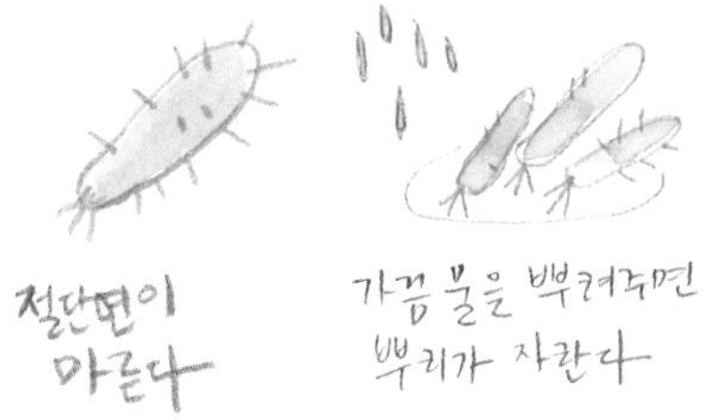

아이비

흙에서 더 잘 자라기는 하지만, 줄기를 잘라 물에 담가두어도 쉽게 뿌리를 내린다.
여러 개체로 나누어 유리병에 담아 주위를 장식하는 것도 좋은 방법이다.

산세비에리아

산세비에리아 잎을 잘라 말린 후 흙에 꽂고 물을 주면 뿌리를 내린다. 잎꽂이로 번식시키는 경우, 가장자리의 노란 무늬가 사라지고 초록 무늬만 있는 개체로 번식한다.

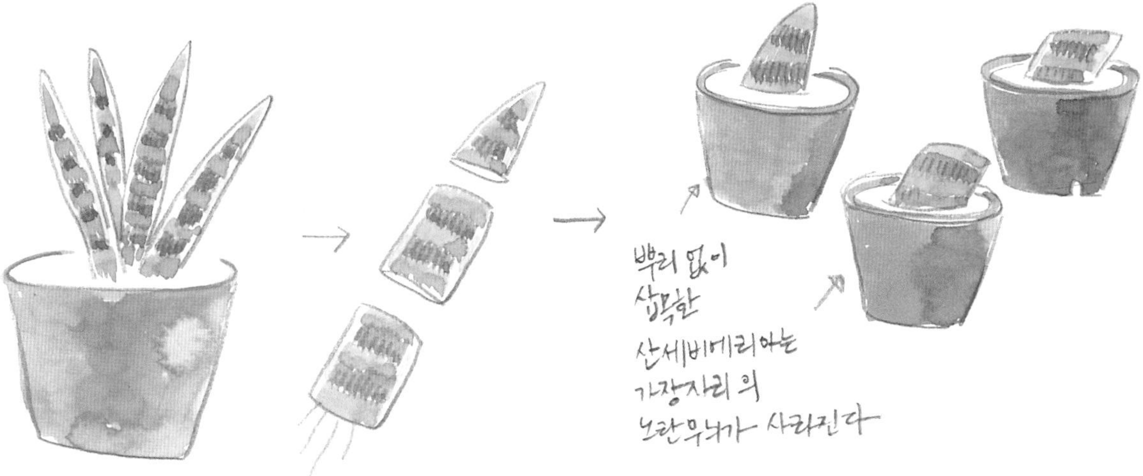

손가락선인장

자구를 떼어내 말린 후 물을 조금씩 뿌려주면 뿌리가 나온다. 흙에 옮겨 심고 며칠 뒤에 물을 준다.

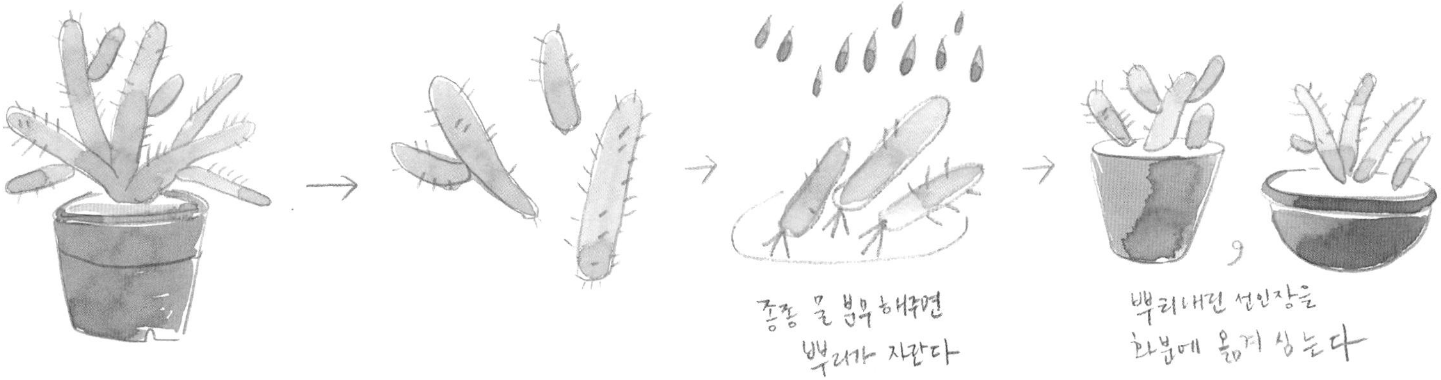

3

화분 식물 키우기

공중식물

공기 중에서 수분과 영양을 흡수해 성장하는 식물로,
흙에 심지 않고 공중에 매달아 키운다.

틸란드시아 *Tillandsia*

뿌리를 통해 양분을 흡수하지 않기 때문에 흙에 심지 않고 공중에 매달아 키운다. 식물의 표면을 덮은 은백색 솜털(트리콤)이 공기 중의 수분과 먼지 속 미립자를 흡수한다. 보통은 붉은 꽃대가 길게 올라와 보랏빛 꽃이 핀다. 꽃을 피운 개체는 시들고, 새로운 잎이 자란다. 어떤 곳에서도 잘 자라기 때문에 관상식물로서 인기가 높다. 미세먼지를 정화하는 효과도 있다. 뿌리 쪽 생장점에서 자구가 나오는데 이를 산아라고도 한다.

원산지 미국 남부, 서인도제도, 중앙아메리카, 남아메리카.

물 주기 보통 일주일에 한 번 물에 푹 담가두었다가 꺼내어 말리거나 흐르는 물에 충분히 적셔준다. 습도가 높은 지역이 원산지이기 때문에 건조한 환경일 경우 수시로 살수 관수한다. 다만 사이사이에 물이 고여 잎이 무르거나 썩지 않도록 신경 쓴다.

01

이오난사 *Tillandsia ionantha*

대표적인 틸란드시아로 가장 흔하고 저렴하다.
뾰족한 잎끝이 곡선을 그리며 사방으로 퍼져 살짝 늘어진다.
꽃이 피기 전에 몸통이 붉은빛으로 물들며,
꽃대 없이 노란 술이 달린 보라색 꽃이 핀다.

02

카풋메두사 *Tillandsia caput-medusae*

도톰하고 둥근 잎 뿌리가 잎끝으로 갈수록 가늘고 길게 구불거리며 자란다.
잎의 모든 부분이 솜털로 덮여 있다. 최대 25cm까지 자라며
길어질수록 잎이 안으로 말려든다. 구불구불 자유롭게 뻗는 모양새가
'메두사의 머리'를 닮았다고 해서 붙은 이름이다.

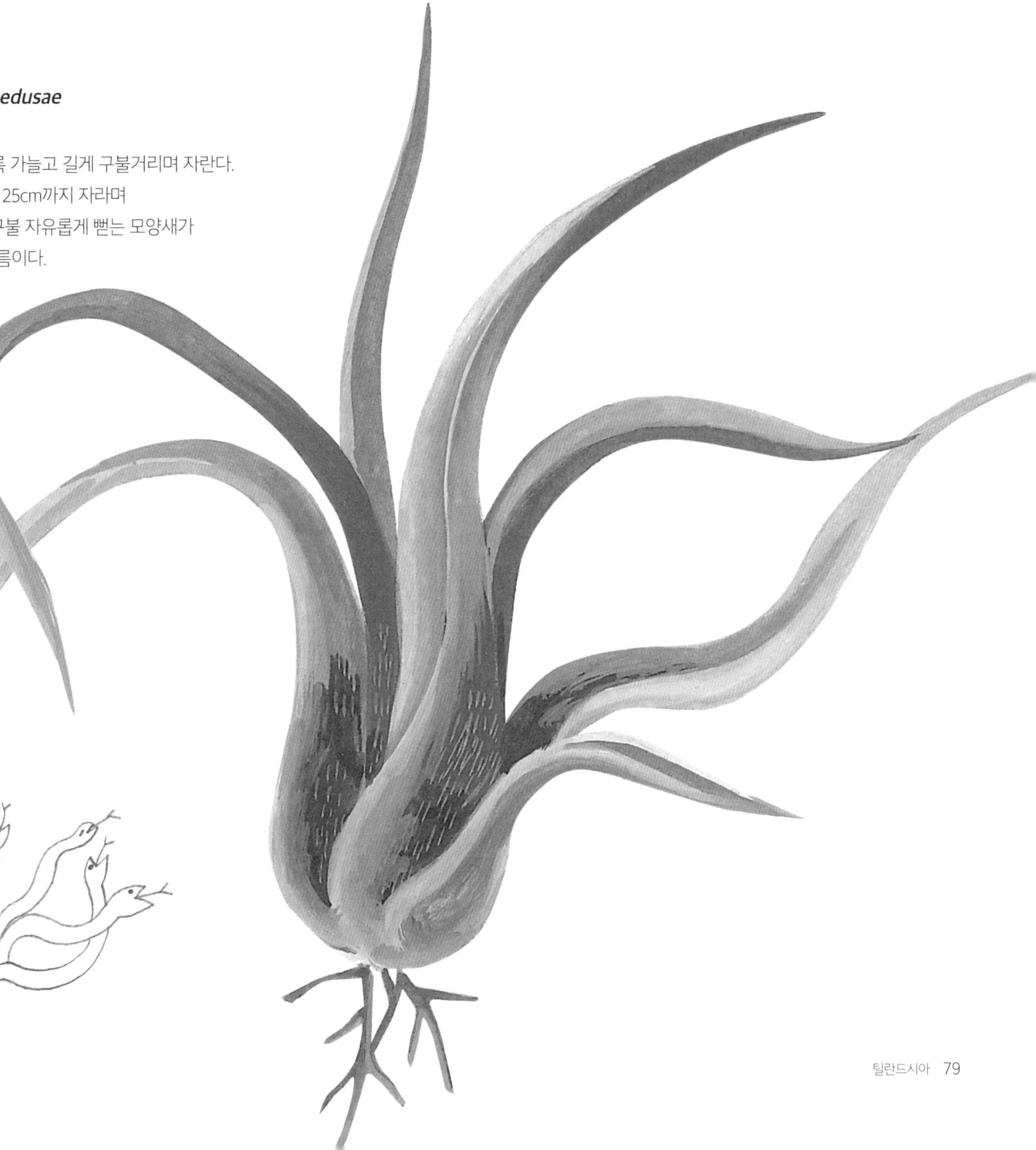

03

불보사 *Tillandsia bulbosa*

계란 모양의 몸통에서 안으로 둥글게 말린 잎이 뻗어나와 구불거리며 자란다.
몸통 부분은 솜털로 덮여 있지만 구불거리는 잎은 잔털 없이 매끈하다.
다만 말려들어간 잎 안쪽엔 솜털이 있다.

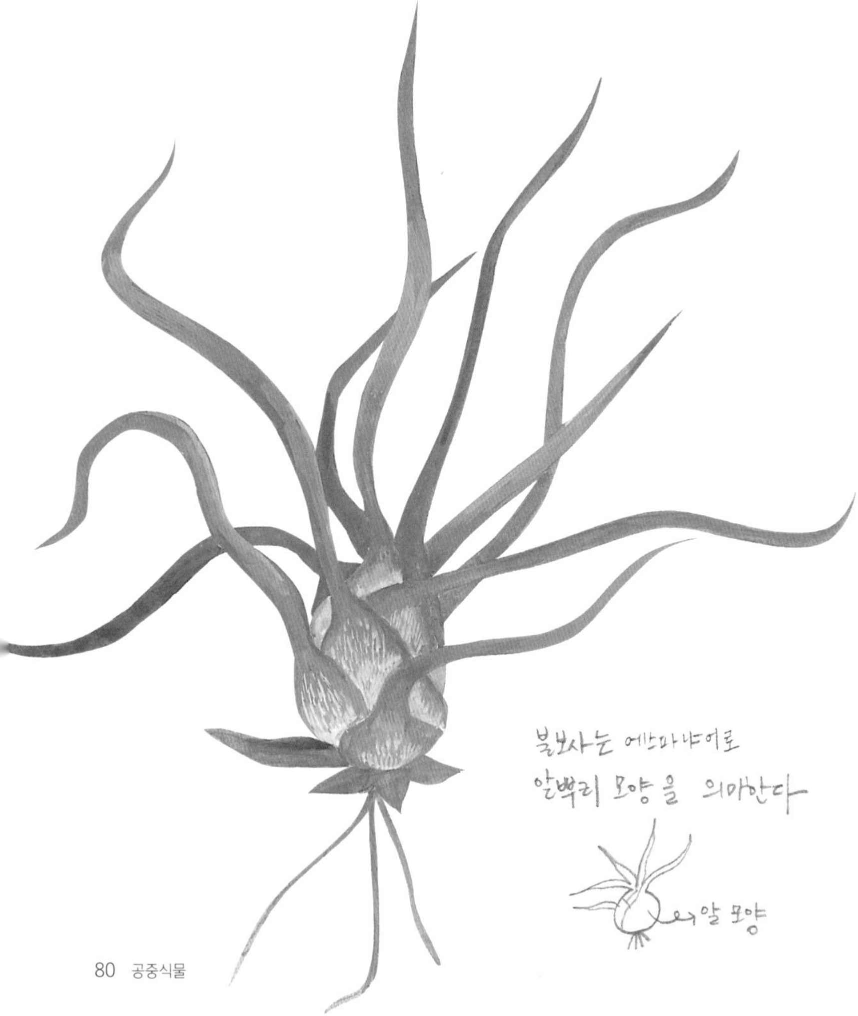

04

시데아나 *Tillandsia schiedeana*

바늘처럼 얇고 가는 잎이 특정 방향 없이 제각각 솟아 얼기설기 자란다.
옆으로 커지기보다는 위로 길어진다. 틸란드시아 중 밝은 곳을 좋아하는 편이며,
붉은 꽃대가 올라오면 노란색이나 보라색 꽃이 핀다.

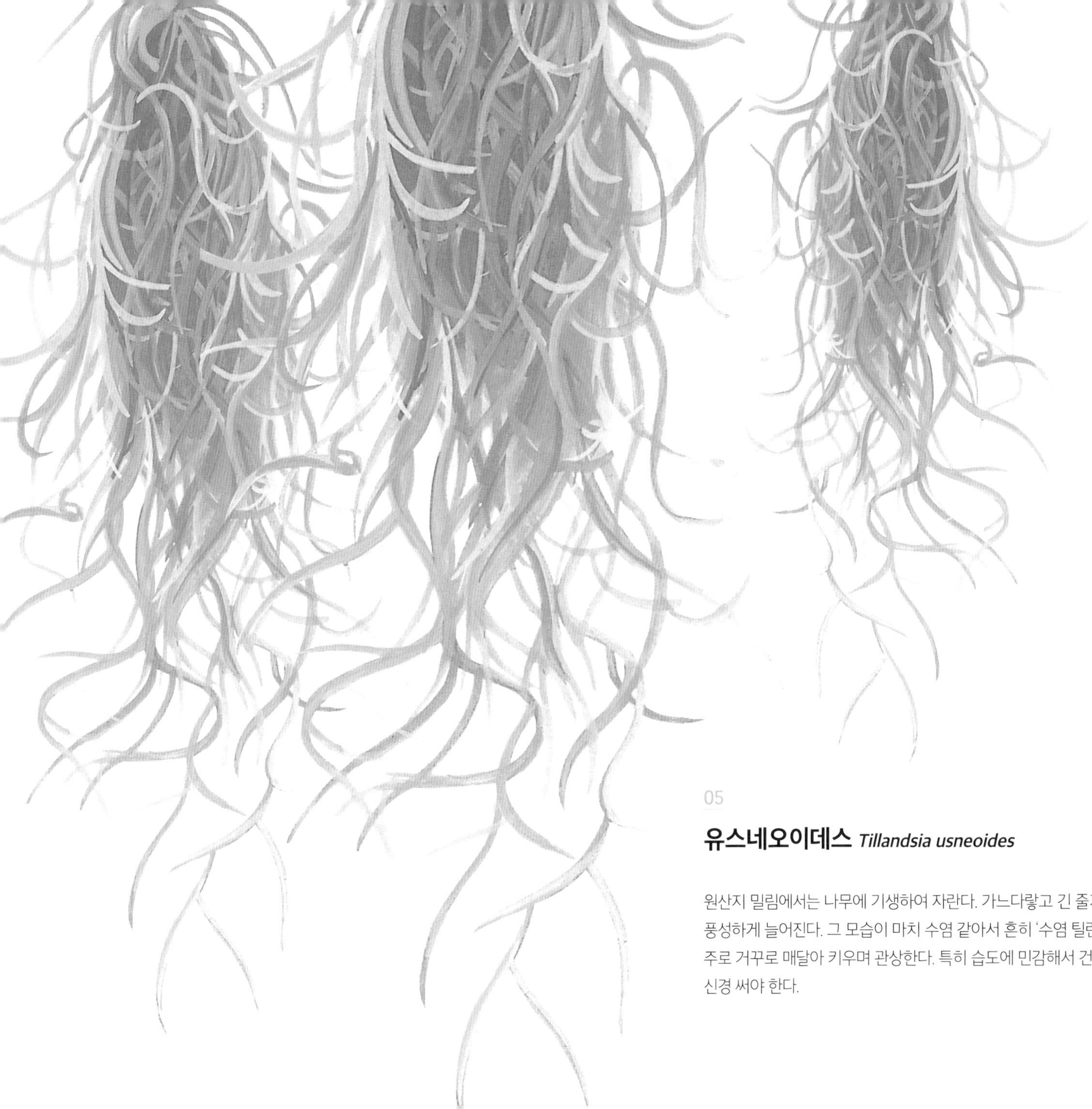

05

유스네오이데스 *Tillandsia usneoides*

원산지 밀림에서는 나무에 기생하여 자란다. 가느다랗고 긴 줄기가 곱슬하고 풍성하게 늘어진다. 그 모습이 마치 수염 같아서 흔히 '수염 틸란드시아'라고 불린다. 주로 거꾸로 매달아 키우며 관상한다. 특히 습도에 민감해서 건조해지지 않도록 신경 써야 한다.

06

크세로그라피카 *Tillandsia xerographica*

1m까지도 자라는 대형종이며 가격대도 높고, 구하기도 쉽지 않다.
넓적하고 큰 잎이 바깥으로 말리며 거대한 꽃송이처럼 자란다.
성장 속도는 느리지만 장수한다. 잘 키우면 20년 이상 반려식물로 함께할 수 있다.
틸란드시아 중 빛을 좋아하는 편이지만 직사광선은 피한다.
커다란 잎이 겹겹이 쌓여 있기 때문에 가끔씩 뒤집어 골고루 통풍한다.

다육식물

과습은 다육식물의 적. 겨울철에는 특히 조심해야 한다.
통통한 잎에 이미 수분을 머금고 있기 때문에 건조에 강하고,
과습일 경우 잎이 물러 썩어 들어간다.
놓치기 쉬운데 통풍도 아주 중요하다.

산세비에리아 *Sansevieria*

가장 대표적인 공기정화 식물 중 하나로, 거칠게 그린 듯한 줄무늬가 특징이다. 다른 식물에 비해 음이온을 30배 이상 내뿜으며 밤에도 산소를 배출하기 때문에 침실에 두기 좋다. 밝은 곳에서 잘 자라는 양지식물이지만 실내광에서도 잘 적응하며 병충해에도 강해 키우기 쉽다. 다만 추위에 약하기 때문에 겨울철에는 주의해야 한다. 냉해를 입을 경우 잎이 물러 썩어 들어가는데 과습일 때와 증상이 비슷하다.

원산지 아프리카, 남아시아.

물 주기 건조에 강하므로 속흙이 바짝 마르면 물을 흠뻑 준다. 봄과 가을에는 한 달에 한 번, 여름 장마철이나 겨울철에는 잎이 쪼글쪼글해지면 흠뻑 준다. 물을 줄 때 잎에 물이 닿지 않도록 주의하자.

토양 뿌리가 썩지 않도록 배수가 잘되는 흙이 좋다. 배양토에 중간 굵기 마사토를 50% 이상 섞거나, 수태를 사용하여 기른다.

07

라우렌티 *Sansevieria trifasciata* 'Laurentiia'

산세비에리아라고 하면 가장 먼저 떠오를 정도로 많이 키우는 종이다. 잎이 위로 길게 뻗으며 70cm까지도 자란다. 잎 가장자리는 노란색이 돌고, 중심부에는 짙은 녹색 무늬가 눈에 띈다. 잎꽂이로 번식이 가능하지만, 잎 가장자리의 노란 무늬가 사라지고 녹색 무늬만 남는다.

08

골든하니 *Sansevieria trifasciata* 'Golden Hahnii'

짧고 넓적한 잎이 방사형으로 돋아나고, 옆으로 퍼지면서 자란다.
노란색과 초록색 무늬가 결에 따라 물결치듯이 어우러져 있다.
산세비에리아 중 아담한 크기에 속한다.

09

문샤인 *Sansevieria trifasciata* 'Moonshine'

오묘한 에메랄드색 잎이 자란다.
빛이 충분할수록 색감이 더욱 화사해지며,
옅게 퍼져 곧 사라질 것 같은 무늬가 매력을 더한다.
그 우아함 덕분에 관상식물로서의 가치가 도드라진다.

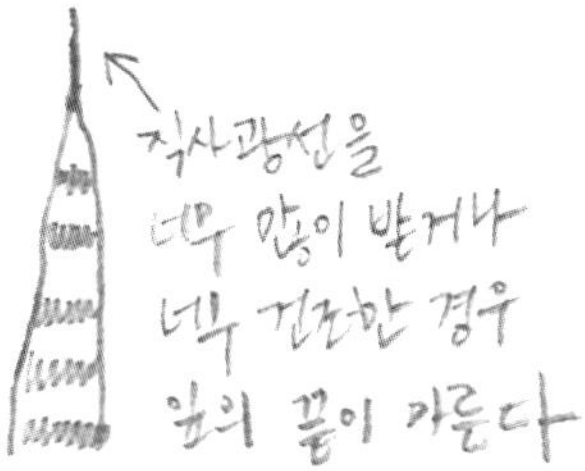

10

스투키 *Sansevieria stuckyi*

라우렌티를 돌돌 말아놓은 것처럼, 원뿔 모양으로 길고 곧게 자란다.
줄기라고 해도 될 정도로 속이 꽉 찬 잎은 수분을 많이 가지고 있다.
전자파를 제거하는 데 아주 탁월하다.
물이 부족하면 잎의 맨 끝부분부터 말라들어간다.

11

본셀 *Sansevieria cylindrica* 'Boncel'

원뿔모양 이파리가 소의 뿔처럼 양옆으로 뻗어 자란다.
'소뿔 스투키'라고도 불린다.
일반 스투키보다 짧고 두툼한 잎이 부채모양으로 펼쳐진다.
곧게 자라는 스투키와는 또 다른 매력이 있다.

립살리스 *Rhipsalis*

더위에 강함 가뭄 충분히 반그늘 여러해살이 수경 재배 가능 난이도 하

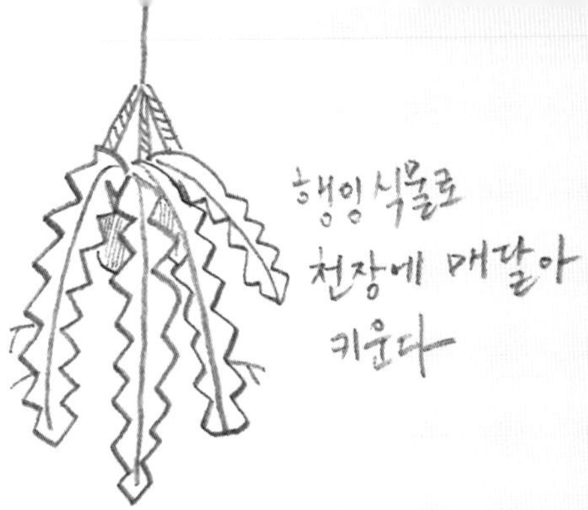

원산지에서는 바위나 나무에 붙어 자란다. 선인장과이지만 가시는 거의 발견하기 힘들다. 잎은 납작하고 판판하거나 둥근 형태로 길게 늘어져 자라는데, 잎의 형태가 다양하여 그 형태에 따라 수십 여종으로 구분된다. 도톰한 잎을 잘라 흙에 꽂아두어도 뿌리를 내릴 정도로 삽목이 쉽다. 햇빛을 좋아하기는 하지만 직사광선은 피한다. 집 안에서 빛이 잘 드는 반그늘에 두는 것이 좋다.

원산지 중앙아메리카와 남아메리카의 열대 지역.

물 주기 다육식물 중 물을 좋아하는 편으로 2주에 한 번 겉흙이 마르면 흠뻑 준다. 물에 푹 담가두었다가 꺼내어 말리기도 하는데, 꺼낸 뒤에 통풍이 잘되는 곳에서 물기를 잘 말려준다.

토양 배수가 잘되고 가벼운 흙이 좋다. 펄라이트나 바크, 배양토를 섞어 사용한다.

12

쇼우 *Epiphyllum anguliger*

톱니처럼 뾰족하고 울퉁불퉁한 굴곡을 가진 초록색 잎이 30cm 이상 길게 자라 늘어진다.
그 모양 때문에 '뼈 선인장' '생선뼈 선인장' '지그재그 선인장'이라고 불리기도 한다.
울퉁불퉁한 굴곡의 가장 안쪽에서 새잎이 나온다. 화려한 모양의 붉은 꽃이 핀다.

13

슈도 *Pseudorhipsalis ramulosa*

잎이 납작하고 평평하게 자란다. 빛을 충분히 받을 수 있는 환경에서 자란 슈도는 점점 자주색으로 물들기 때문에 녹색과 자주색이 뒤섞인 독특한 색감이 인상적이다. 잎 가장자리에 하얗고 동그란 꽃이 구슬처럼 맺힌다.

14

폭스테일 *Rhipsalis* 'Fox Tail'

얇은 기둥 모양의 통통한 잎이 마디마디로 이어져 길게 자란다.
마디 끝에서 새잎이 여러 갈래로 자라 시간이 흐를수록 더 풍성해진다.
곧게 서지 않고 흐느적거리는 이파리를 보면 바다 속에서 하늘거리는 해초가 연상된다. 작고 하얀 꽃이 핀다.

15

홍채각 *Euphorbia enopla* 'Boiss'

더위에 강함 가끔 충분히 반그늘 여러해살이 흙 재배 권장 난이도 하

진한 녹색의 기둥줄기에 단단한 붉은색 가시가 자란다. 이 가시는 햇빛을 충분히 받을수록 더 튼튼해진다. 아주 크게는 1m까지도 자라지만, 보통 집에서 키우는 홍채각은 크기가 작다. 웃자라서 윗부분이 얇아진 경우 빛이 잘 드는 곳에 두고 키우면 다시 도톰해진다.

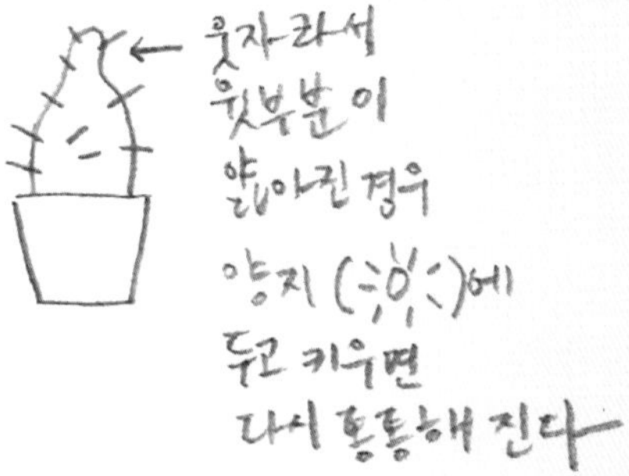

원산지 남아프리카.

물 주기 한 달에 한 번, 속흙이 마르면 며칠 뒤에 물을 흠뻑 준다. 저면 관수할 경우 화분을 물에 담갔다가 겉흙이 촉촉해지면 꺼낸다. 겨울에는 물을 거의 주지 않고, 살수 관수로 공중 습도만 유지한다.

토양 배수와 통풍이 잘되는 흙이 좋다. 배양토에 마사토를 50% 이상 섞는다.

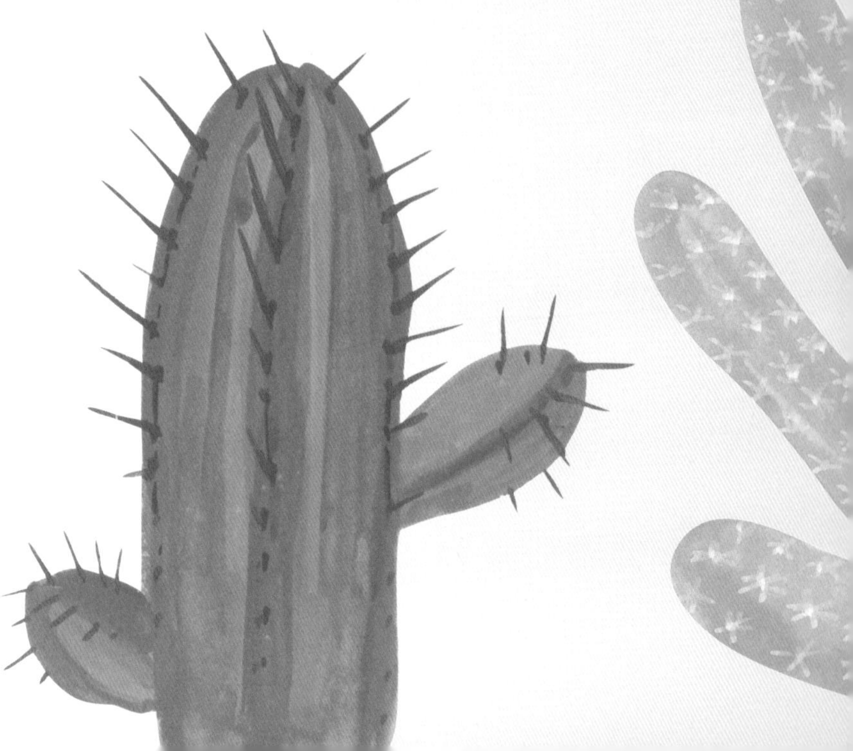

16

손가락선인장 *Mammillaria longimamma*

더위에 강함 가끔 충분히 태양광 여러해살이 흙 재배 권장 난이도 하

원기둥 모양의 통통한 줄기가 여러 갈래로 자란다. 몸통은 옅은 초록색이고 아주 얇고 하얀색 가시가 그 표면을 뒤덮고 있다. 붉고 길쭉한 모양의 꽃이 화려하다. 빛이 충분하지 않거나 영양이 부족하면 줄기의 끄트머리부터 점점 가늘어진다. 해만 잘 들면 화분이 놓인 장소에 쉽게 적응하고 빠르게 자란다. 초심자들이 도전하기 쉬운 식물이다.

원산지 멕시코.

물 주기 한 달에 한 번, 속흙이 마르면 며칠 뒤에 물을 흠뻑 준다. 저면 관수할 경우 화분을 물에 담갔다가 겉흙이 촉촉해지면 꺼낸다. 겨울에는 물을 거의 주지 않는다.

토양 배수와 통풍이 잘되는 흙이 좋다. 배양토에 마사토를 50% 이상 섞는다.

겨울에 물을 줄이면
붉게 물들기도 한다

17

괴마옥 *Euphorbia bupleurifolia*

더위에 강함 가끔 충분히 반그늘 여러해살이 흙 재배 권장 난이도 하

생김새 때문에 '파인애플 선인장'이라고 불린다. 울퉁불퉁한 몸과 사방으로 뾰족하게 뻗어 있는 이파리를 보면 야자수가 떠오르기도 한다. 빛이 부족하면 웃자라기 때문에 빛이 충분히 잘 드는 베란다나 창가에서 키운다. 직사광선보다는 반그늘이 좋다. 잎이나 자구를 떼어내면 하얀 액체가 나오는데, 독성이 있으므로 조심한다.

원산지 남아프리카의 열대 초원.

물 주기 한 달에 한 번, 속흙이 마르면 며칠 뒤에 물을 흠뻑 준다. 겨울에는 물을 거의 주지 않는다. 이때 식물이 연약해지는 것처럼 보이지만, 날이 풀리고 물을 주면 다시 튼튼하게 돌아온다.

토양 배수와 통풍이 잘되는 흙이 좋다. 배양토에 마사토를 50% 이상 섞는다.

18

십이지권 *Haworthia fasciata*

끝이 뾰족한 삼각형 모양인 초록색 잎들이 방사형으로 자란다. 잎 표면에 가로 방향의 오돌토돌한 흰 무늬가 있다. 파충류의 표피 같아 보이기도 하지만, 작게 키우면 특이하고 귀엽다. 햇빛을 좋아하므로 최대한 밝은 곳에서 키운다.

원산지 남아프리카.

물 주기 한 달에 한 번, 속흙이 마르면 며칠 뒤에 물을 흠뻑 준다. 겨울에는 물을 거의 주지 않는다.

토양 배수와 통풍이 잘되는 흙이 좋다. 배양토에 마사토를 50% 이상 섞는다.

19

녹영 *Senecio rowleyanus*

덩굴성 다육식물로 가늘고 긴 줄기에 잎이 달린다. 구슬 모양의 녹색 잎은 끝부분만 살짝 뾰족하다. 완두콩처럼 보여 '콩란'이라고도 한다. 빠르고 건강하게 잘 자라는 편이며 병충해에도 강하다. 직사광선은 피해야 하지만 빛을 충분히 받아야 잎이 작고 촘촘하게 맺혀 풍성하게 키울 수 있다.

원산지　서남아프리카.

물 주기　한 달에 한 번, 속흙이 마르면 며칠 뒤에 물을 흠뻑 준다. 저면 관수할 경우 화분을 물에 담갔다가 겉흙이 촉촉해지면 꺼낸다. 겨울에는 물을 거의 주지 않고, 살수 관수로 공중 습도만 유지한다.

토양　배수와 통풍이 잘되는 흙이 좋다. 배양토에 마사토를 50% 이상 섞는다.

이름에 진주, 구슬의 끈 이라는 의미가 있다

20

아메치스 *Graptopetalum Amethystinum*

더위에 강함　가끔 충분히　태양광　여러해살이　흙 재배 권장　난이도 하

동글동글하고 도톰한 잎이 사랑스럽게 달려 있다. 잎이 동그란 '미인류' 다육식물의 한 종류다. 통통한 잎에 수분을 충분히 머금고 있어 건조에 강하다. 중심이 되는 줄기가 하늘을 향해 천천히 자라는데, 자랄수록 가장 아래 맺힌 잎이 자연스럽게 말라 떨어지고 줄기가 단단해진다. 여느 미인류와 다른 특유의 보라색이나 붉은색이 사라지지 않고 유지되어 자라기 때문에 꽃처럼 관상하기 좋다.

원산지　멕시코.

물 주기　가장 밑에 달린 잎이 시들면 물을 흠뻑 준다. 태양광을 직접 받는 실외에서는 1~2주에 한 번, 베란다 등 실내에서는 한 달에 한 번 물을 준다.

토양　배수와 통풍이 잘되는 흙이 좋다. 배양토에 마사토를 50% 이상 섞는다.

잎이 동글동글한
다육이를
우리나라에서
'미인류' 라고 한다

다른 미인류와 다르게
물이 빠지지 않고
보라색, 붉은색을 유지한다

양치식물

꽃을 피우지 않고 포자나 뿌리를 통해 번식하는 식물이다.
흙뿐 아니라 공기 중 습도 유지가 특히 중요하기 때문에
수시로 살수 관수한다.

아스플레니움 니두스 *Asplenium nidus*

더위에 강함 자주 충분히 반그늘 여러해살이 수경 재배 가능 난이도 중

광택이 나는 연두색 잎이 시원시원하게 뻗어나가며 자라는 고사릿과식물이다. 양치식물이기 때문에 덥고 습한 반그늘을 좋아한다. 전 세계적으로 수백여 종이 자라며, 유사한 한국 자생종으로는 제주도 바닷가에서 자라는 파초일엽(아스플레니움 안티큼*Asplenium antiquum*)이 있다. 잎의 가장자리가 물결치듯 구불거리며, 잎끝은 말려들어가거나 갈라져 있다. 식물이 자라면서 잎의 뒷면에 포자를 형성한다.

원산지 동남아시아 열대 지역.

물 주기 이틀에 한 번 물을 흠뻑 준다. 공중 습도가 중요하므로 수시로 살수 관수한다. 동면하기 때문에 겨울에는 물을 거의 주지 않는다.

토양 수태 단일 사용.

21

아비스 *Asplenium nidus* 'Avis'

아스플레니움 니두스의 원예 품종으로, 야생 니두스에 비해
작고 부드러운 느낌을 준다.
잎끝이 갈라지지 않은 모양이 보통이지만,
가장자리가 더욱 물결치거나 잎끝이 여러 갈래로 갈라지기도 한다.

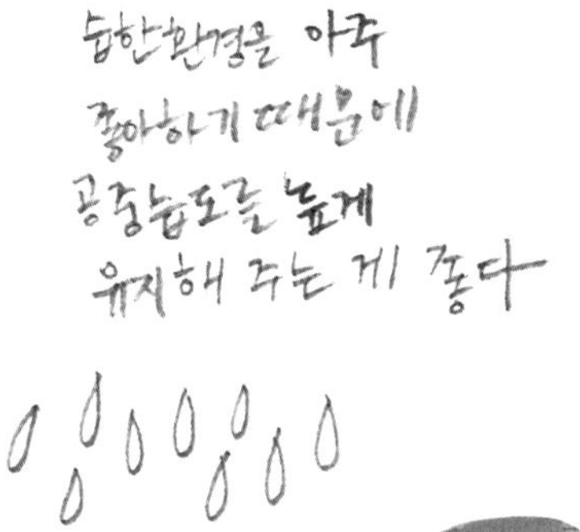

22

바리에가타 *Asplenium nidus* ‘Variegata’

기본 형태는 아비스와 유사하지만, 하얀색과 연두색이 뒤섞인 무늬가 있어
더욱 화려한 느낌을 준다. ‘무늬 아비스’라고도 부른다.
모든 잎이 똑같은 무늬로 덮여 있지 않고,
완전히 초록색인 잎과 무늬가 있는 잎이 뒤섞여 자란다.
이 덕분에 더욱 독특하고 이국적인 느낌을 준다.

23

박쥐란 *Platycerium bifurcatum*

추위에 강함　자주 충분히　태양광　여러해살이　흙 재배 권장　난이도 상

끝이 갈라진 넓적한 잎이 늘어지는 모습이 박쥐를 닮았다고 하여 '박쥐란'이라고 불린다. 사슴 같은 동물의 뿔처럼 보이기도 하는 이파리 때문에 벽에 걸어놓으면 화려하고 강한 존재감을 드러낸다. 박쥐란은 건조와 햇빛에 강한 편이지만 양치식물인 만큼 공중 습도를 유지해주는 것이 좋다. 30cm까지 자란다. 뿌리가 붙은 잎을 잘라내 번식시킬 수 있다. 반그늘에서 키우는 것을 추천하며, 겨울에만 직사광선을 쬐어준다.

원산지　오스트레일리아.

물 주기　흙을 항상 촉촉하게 유지한다. 겨울에는 겉흙이 마르면 흠뻑 준다.

토양　피트모스 사용.

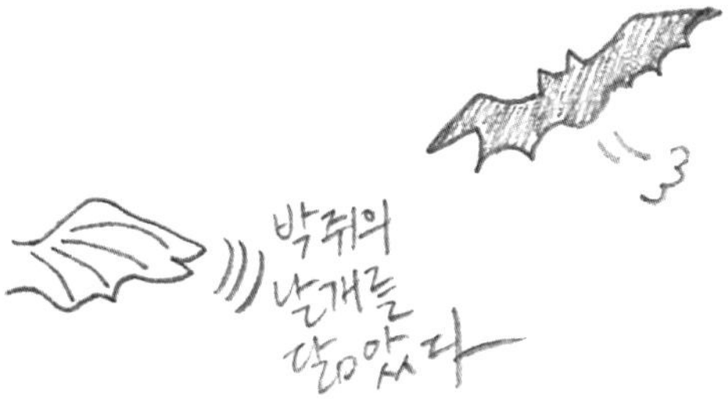

24

플레그마리아 *Lycopodium phlegmaria*

더위에 강함 | 자주 충분히 | 반그늘 | 여러해살이 | 흙 재배 권장 | 난이도 상

줄기가 길게 늘어지므로 거꾸로 매달아 키운다. 보통 40cm까지 자라는데, 생장 조건이 원활하면 1m까지도 자란다. 삼각뿔 모양의 잎이 줄기에 빼곡하게 돋는다. 번식이 어려운 식물이므로 한번 화분에 자리를 잡은 후에는 분갈이하지 않는 게 좋다.

원산지 마다가스카르를 비롯한 인도양 일부 섬.

물 주기 일주일에 두 번 물을 흠뻑 준다. 공중 습도가 중요하므로 수시로 살수 관수한다.

토양 배수와 보습이 잘되는 흙이 좋다. 뿌리 부분을 수태로 감싸 공중 습도가 높은 곳에 둔다.

관엽식물

잎사귀 그 자체로 관상 효과가 좋은 식물이다.
관엽식물 대부분이 물을 좋아하는 편이다.
잎이 차지하는 비중이 큰 만큼 공기정화에 탁월한 식물이 특히 많다.

아글라오네마 *Aglaonema*

더위에 강함 자주 충분히 실내광 여러해살이 수경 재배 가능 난이도 하

영화 <레옹>의 주인공이 들고 다닌 화분 식물이 바로 아글라오네마다. 잎이 넓고 시원스러우며 다양한 색과 무늬의 조화가 아름다워 실내에서 관상용으로 기르기 좋다. 종에 따라 잎의 형태가 매우 다양하며, 빛을 충분히 쬐면 무늬가 더 선명해진다. 고온다습한 환경에서 잘 자라며, 추위에 약하다. 공기정화, 실내 습도 조절 등의 기능이 있다.

원산지 아시아와 뉴기니의 열대 및 아열대 지역.

물 주기 일주일에 두 번 물을 흠뻑 준다. 공중 습도가 중요하므로 수시로 살수 관수한다. 겨울에는 물을 가끔 준다.

토양 부엽토가 섞인 배양토를 사용한다. 수태도 가능하다.

25

스노우사파이어 *Aglaonema* 'Snow Sapphire'

눈이 쌓인 듯 하얀 무늬가 아름답다. 잎과 어울리는 새하얀 꽃을 피운다.

26

스트라이프 *Aglaonema* 'Chinese Evergreen Stripes'

영화 〈레옹〉에 등장한 바로 그 식물이다.
하얀색의 줄무늬가 초록색과 어우러져 독특한 느낌을 준다.

27

핑크레이디 *Aglaonema* 'Pink Lady'

아글라오네마 중 잎이 두꺼운 편이다.
잎의 가장자리와 줄기가 핑크색이며, 잎의 안쪽은 짙은 초록색으로 광택이 돈다.
우아하면서도 사랑스러운 식물이다.

28

시암오로라 *Aglaonema* 'Siam Aurora'

잎에 흐드러진 핑크색 무늬가 있다.
잎의 색을 유지하려면 빛을 충분히 받아야 한다.

페페로미아 *Peperomia*

더위에 강함	자주 충분히	반그늘	여러해살이	수경 재배 가능	난이도 중

후춧과식물로 이름의 어원 또한 후추를 닮았다는 뜻이다. 시원시원하게 둥근 잎은 관상 효과가 좋고 수분이 많은 통통한 잎은 전자파 제거 능력이 있으며 건조에 강하다. 빛이 잘 드는 밝은 그늘에서 키우는 것이 좋으며, 빛을 충분히 받지 못할 경우 잎의 무늬가 옅어진다. 다른 식물들과 모아심는 경우에는 키가 더 큰 식물의 아래에 두면 좋다. 느리게 자라는 편이고, 자랄수록 줄기에 힘이 없이 늘어질 수 있으니 지지대를 대주기도 한다. 가지를 친 후 물에 담가두면 뿌리가 나오는데, 흙에 심어 새로운 개체로 키운다.

원산지 중앙아메리카와 남미 북부의 열대 및 아열대 지역.

물 주기 여름에는 일주일에 두 번 물을 흠뻑 준다. 겨울에는 1~2주에 한 번으로 줄여 건조하게 기른다.

토양 부엽토가 섞인 배양토를 사용한다. 수태도 가능하다.

29

청페페로미아 *Peperomia obtusifolia*

광택이 돌고 수분이 많은 두꺼운 잎을 가졌다.
줄기가 두껍고 단단한 편이다.

자랄수록 줄기에
힘이 없어 넘어지기도 하니
지지대를 대주어도 좋다!

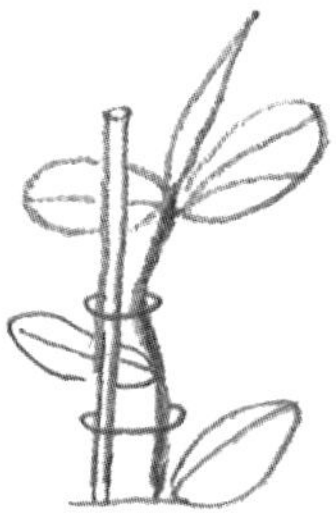

30

홍페페로미아 *Peperomia clusifolia*

청페페로미아와 거의 유사하다.
다만 잎의 가장자리와 줄기에 붉은빛이 돈다.

31

노란무늬페페 *Peperomia obtusifolia* 'Green Gold'

초록색, 노란색 물감으로 불규칙하고 옅게 그린 듯한 무늬가 아름답다.
잎의 가장자리로 갈수록 노란색으로 옅어진다.
빛이 부족할 경우 잎의 무늬가 사라질 수 있다.

32

컬러페페 *Peperomia clusiifolia* 'Jewelry'

노란무늬페페와 유사하지만 가장자리가 붉게 물들어 보다 강하고 다양한 색감을 관상할 수 있다. 빛이 부족할 경우 잎의 무늬가 사라질 수 있다.

33

줄리아페페 *Peperomia puteolata*

홀리아페페보다 조금 더 도톰한 잎을 가졌다.
선명하고 불규칙한 하얀색 줄무늬가 나 있다.
이 무늬를 따라 잎에 굴곡이 지며 입체감이 있다.
붉은색 가지는 하늘을 향해 길게 자란다.

34

홀리아페페 *Peperomia angulata*

줄리아페페보다 잎이 조금 더 얇다.
아몬드 모양의 잎에 세로 줄무늬가 세 줄 나 있다.
햇빛을 충분히 받으면 녹색이 짙어지고, 빛이 부족할수록 색이 옅어진다.

35

금전수 *Zamioculcas zamiifolia*

더위에 강함 가끔 충분히 반그늘 여러해살이 흙 재배 권장 난이도 하

수분이 많아 통통하고 광택이 나는 이파리가 어긋나게 핀다. 엽전을 줄줄이 이은 것처럼 생겼다고 하여 '돈나무'라고 불리는데, 정식명이 돈나무인 식물과는 다른 종이다. 그늘진 곳에서도 잘 견디지만 빛이 어느 정도 드는 장소에서 키우는 것이 좋다. 직사광선을 받으면 잎이 타들어갈 수 있으니 주의하자. 느리게 성장하는 식물이기 때문에 분갈이 후 화분에 자리 잡기까지 두 달 이상 충분한 여유를 가지고 기다린다.

원산지 케냐 남부에서 남아프리카 북부에 이르는 동부 아프리카.

물 주기 약간 건조하게 키우는 것이 좋다. 봄과 여름에는 겉흙이 마르면 바로 물을 주고, 겨울에는 속흙까지 마르면 준다.

토양 배양토나 피트모스에 마사토를 50% 이상 섞는다.

36

블랙금전수 Black *Zamioculcas zamiifolia*

금전수가 개량된 품종으로 전체적으로 검은빛을 띤다.
새로 돋아나는 잎은 연두색이지만 자랄수록 점점 어두워져 검게 변한다.
기존 금전수와는 또 다른 멋이 있다.

37

스킨답서스 *Epipremnum aureum*

더위에 강함 자주 충분히 실내광 여러해살이 수경 재배 가능 난이도 하

수십 미터까지도 자라는 덩굴식물이기 때문에 공중에 걸어 늘어뜨리며 키우기도 한다. 병충해에도 강하고 빛이 부족한 장소에서도 잘 적응하기 때문에 초보자도 키우기 쉽다. 물을 좋아해서 자주 줘야 하고 수경 재배로도 원활하게 키울 수 있다.

원산지 동남아시아 및 서태평양 부근의 섬.

물 주기 여름에는 일주일에 두 번 물을 흠뻑 준다. 겨울에는 1~2주에 한 번으로 줄여 건조하게 기른다.

토양 아무 흙에서나 잘 적응한다. 시중에서 파는 배양토만으로도 충분히 분갈이가 가능하다.

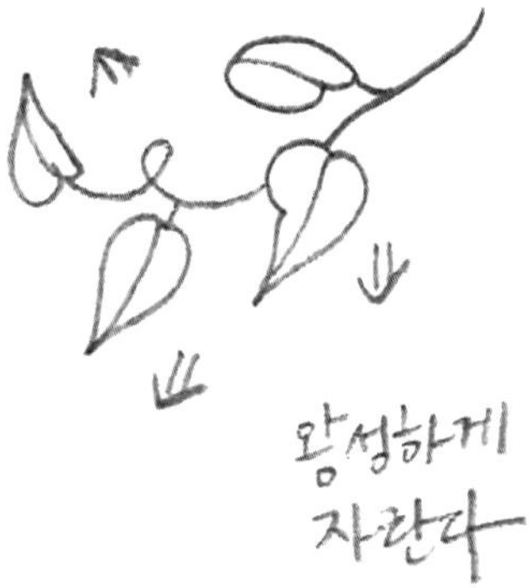

38

접란 *Chlorophytum comosum*

더위에 강함 자주 충분히 실내광 여러해살이 수경 재배 가능 난이도 중

잎이 줄기 없이 가늘고 길게 자라 사방으로 퍼진다. 잎맥을 따라 길게 난 흰색, 연한 노란색의 무늬가 있다. 밑으로 늘어지는 덩굴 끝에는 새로운 싹이 돋아나는데, 이 싹이 자라 자구가 된다. 자구를 떼어내 옮겨 심으면 새 화분을 만들 수 있다. 번식을 왕성하게 하는 편이다. 새 가구나 페인트 냄새를 제거하는 데 효과가 있어 새집증후군 해결에 도움이 된다.

원산지 남부 아프리카 및 열대 지역.

물 주기 겉흙이 말랐을 때 물을 흠뻑 준다. 수경 재배로도 잘 자란다.

토양 부엽토가 섞인 배양토를 사용한다. 수태도 가능하다.

39

아이비 *Hedera*

추위에 강함 자주 충분히 실내광 여러해살이 수경 재배 가능 난이도 하

줄기를 꺾어 물에 담가두면 쉽게 뿌리를 내린다. 생명력이 강한 편이다. 미세먼지 제거와 새집증후군 해결에 효과가 있어서 실내 특히 거실에서 키우면 좋다. 서늘한 날씨에 강하기 때문에 한여름 더위를 조심한다. 독성이 있으니 어린아이나 반려동물이 있는 곳에서는 주의한다.

원산지 유럽 전역, 서아시아.

물 주기 2주에 한 번 물을 흠뻑 준다. 수경 재배로도 잘 자란다.

토양 아무 흙에서나 잘 적응한다. 시중에서 파는 배양토만으로도 충분히 분갈이가 가능하다.

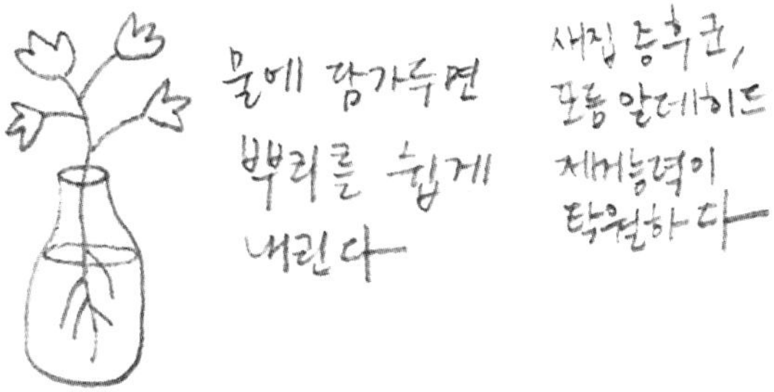

40

테이블야자 *Chamaedorea elegans*

더위에 강함 자주 충분히 반그늘 어려해살이 수경 재배 가능 난이도 하

주로 실내에서 책상 위에 올려두고 키우기 때문에 '테이블야자'로 불린다. 그러나 야생에서는 1m 이상도 자란다. 실내 조명만으로 잘 자라지만 반그늘이 더 좋고, 직사광선은 피한다. 가지 없이 곧은 줄기가 자란다. 느리게 자라는 편이며 주변 환경에 쉽게 적응한다. 수분을 배출하는 효과와 화학물질을 제거하는 효과가 있다.

원산지 멕시코, 과테말라.

물 주기 일주일에 한 번 물을 흠뻑 준다. 공중 습도가 중요하므로 수시로 살수 관수한다. 수경 재배로도 잘 자란다.

토양 아무 흙에서나 잘 적응한다. 시중에서 파는 배양토만으로도 충분히 분갈이가 가능하다.

공간이 충분한
야생에서는
1~2m 까지도
자란다

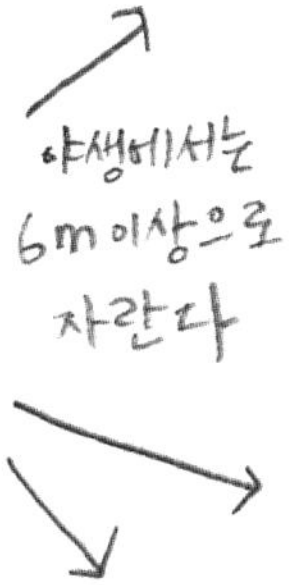

41

홍콩야자 *Schefflera arboricola*

더위에 강함 | 자주 충분히 | 반그늘 | 여러해살이 | 수경 재배 가능 | 난이도 하

하나의 줄기에 광택 나는 잎 여덟 장이 둥그렇게 방사형으로 자란다. 그 모양 때문에 '우산나무'라고 부르기도 한다. 보통 실내에서는 작게 키우지만 3m까지 자랄 수 있고, 야생에서는 더 크게도 자란다. 빛이 부족할 경우 잎이 떨어지거나, 가지가 힘을 잃고 휜다.

원산지 대만.

물 주기 일주일에 한 번 물을 흠뻑 준다.

토양 아무 흙에서나 잘 적응한다. 시중에서 파는 배양토만으로도 충분히 분갈이가 가능하다.

42

극락조화 *Strelitzia reginae*

더위에 강함 자주 충분히 반그늘 여러해살이 수경 재배 가능 난이도 중

1m 내외로 자라는 제법 큰 식물이다. 잎은 줄기 없이 뿌리에서 바로 나온다. 짙은 녹색의 타원형 이파리는 마치 커다란 부채 같아 보인다. 햇빛을 좋아하는 식물이지만 직사광선은 조심한다. 갈색과 노란색이 어우러진 꽃의 모습이 극락조라는 새를 닮아 '극락조화'라고 불린다.

원산지 남아프리카.

물 주기 약간 건조하게 키우는 것이 좋다. 속흙이 말랐을 때 흠뻑 물을 준다.

토양 배수가 잘되도록 배양토와 마사토를 7:3 비율로 섞어 사용한다.

43

몬스테라 *Monstera deliciosa*

더위에 강함 자주 충분히 반그늘 여러해살이 수경 재배 가능 난이도 중

거대 관엽식물로 8m까지도 자란다. 잎 군데군데 구멍이 나 있고 갈라져 있다. 그 모양이 야생에서는 비바람을 견디거나 아래 난 잎사귀까지 빛을 전달하는 역할을 하는데, 그덕분에 이국적인 느낌이 더 짙게 드러난다. 습한 장소를 선호하며, 꺾꽂이으로도 번식이 가능하다. 독성이 있으니 어린아이나 반려동물이 있는 곳에서는 주의한다.

원산지 멕시코 남부에서 파나마 남부까지.

물 주기 흙이 촉촉하게 유지될 수 있도록 일주일에 두 번 물을 흠뻑 준다. 겨울에는 겉흙이 말랐을 때 물을 주는데, 너무 차가운 물은 사용하지 않는 편이 좋다.

토양 배양토와 부엽토를 섞어 사용한다.

구멍이 난 잎을 통해
아래난 잎까지
빛을 전달한다

44

스파티필룸 *Spathiphyllum*

더위에 강함 자주 충분히 실내광 여러해살이 수경 재배 가능 난이도 하

대표적인 공기정화 식물 중 하나로 아세톤을 제거하는 능력이 우수하다. 장소를 가리지 않고 잘 적응해 초보자들이 키우기 좋다. 빛이 부족할 경우 잎이 작아질 수 있지만 치명적이지는 않다. 직사광선은 피한다. 물을 아주 좋아하기 때문에 습하게 관리한다.

원산지 아메리카의 열대 지역.

물 주기 흙이 촉촉하게 유지될 수 있도록 일주일에 두 번 물을 흠뻑 준다. 물이 부족하면 잎이 힘을 잃고 시드는데 이때 물을 주면 금방 쌩쌩한 모습으로 돌아온다.

토양 아무 흙에서나 잘 적응한다. 시중에서 파는 배양토만으로도 충분히 분갈이가 가능하다.

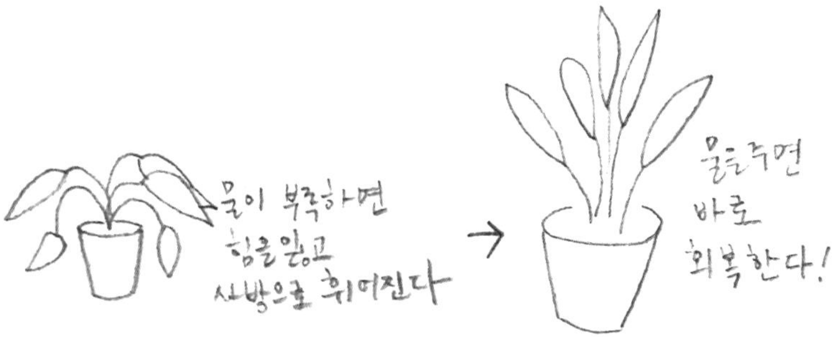

종종 알로카시아의
잎에서 물이 떨어지거나
잎끝에 물이 맺히는데,
이는 물이 과하다는
의미이므로 최소
일주일은 물을 주면 안 된다

45

알로카시아 *Alocasia odora*

더위에 강함 · 가끔 충분히 · 반그늘 · 어려해살이 · 수경 재배 가능 · 난이도 중

잎이 크고 화려한 관엽식물로 이국적인 느낌이 강하다. 산소를 배출해 공기정화를 돕는 식물이다. 단단하고 곧게 자란 목질 위로 가지가 뻗어 잎이 자라는데, 잎이 가지에 비해 크고 화려해 자연스럽게 기울어져 늘어진다. 알로카시아의 잎끝에 물이 맺히거나 떨어진다면, 현재 과습 상태임을 알리는 신호이기 때문에 한동안 물을 주지 않는 것이 좋다.

원산지 아시아의 아열대 지역.

물 주기 약간 건조하게 키우는 것이 좋다. 2주에 한 번 물을 준다. 겨울에는 한 달에 한 번 주고 과습에 특히 주의한다. 수경 재배가 가능하지만 줄기가 물에 담겨 있으면 쉽게 썩기 때문에 뿌리만 닿게 한다.

토양 배수와 통풍이 잘되는 흙이 좋다. 마사토와 배양토를 섞어 사용한다. 화분 또한 통풍이 잘되는 토분을 추천한다.

46

파키라 *Pachira aquatica*

더위에 강함 자주 충분히 반그늘 여러해살이 흙 재배 권장 난이도 중

두껍게 자란 목질의 줄기 위에 가느다란 가지가 자란다. 30cm에서 2m 이상까지 크기가 다양하다. 잘 자라는 편이지만 흙이 너무 마르지 않도록, 또 배수가 잘되도록 주의해야 한다. 가지치기를 하면 거기에서 새순이 여러 개 돋아 더욱 울창하게 키울 수 있다. 가지치기한 줄기로 꺾꽂이 가능하다.

원산지 멕시코에서 남아메리카까지.

물 주기 일주일에 한 번, 겉흙이 말랐을 때 물을 흠뻑 준다.

토양 배수와 통기성이 원활한 흙을 사용하는 게 좋다. 마사토와 배양토를 혼합하여 사용한다.

47

유칼립투스실버드롭 *Eucalyptus gunnii*

추위에 강함 자주 충분히 태양광 여러해살이 흙 재배 권장 난이도 중

하나의 줄기가 위로 곧게 자란다. 줄기가 얇아 넘어질 수도 있으니 지지대를 만들어주면 좋다. 밝은 청회색 이파리는 둥글고 부드러우며 마주보며 자란다. 만지면 손에 가루가 묻어나온다. 시원한 민트향의 유칼립투스는 옛날부터 약초로 쓰였고 유칼립투스오일은 피부 관리에 사용되어왔다. 빛을 좋아하지만 한여름 직사광은 가려주는 게 좋다.

원산지 오스트레일리아.

물 주기 흙이 촉촉하게 유지될 수 있도록 일주일에 두 번 물을 흠뻑 준다.

토양 배수와 통기성이 원활한 흙을 사용하는 게 좋다. 마사토와 부엽토, 배양토를 혼합하여 사용한다.

48

포인세티아 *Euphorbia pulcherrima*

더위에 강함 · 자주 충분히 · 태양광 · 어려해살이 · 흙 재배 권장 · 난이도 중

'크리스마스 꽃'이라고도 한다. 관상용으로 작은 화분에 기르는 경우가 많다. 겨울철에 해가 짧아지고 기온이 내려가면 잎이 붉어져 꽃처럼 보이는 것이 특징이다. 겨울이 지나 날씨가 풀리면 다시 초록색으로 변한다. 어긋나게 자라 있는 초록색, 빨강색 잎을 사용해서 크리스마스 분위기를 낼 수 있다.

원산지 멕시코.

물 주기 일주일에 한 번 겉흙이 말랐을 때 흠뻑 물을 준다.

토양 배수와 통기성이 원활한 흙을 사용하는 게 좋다. 마사토와 배양토를 혼합하여 사용한다.

봄이 되어 따뜻해질수록
잎의 붉은색이 점점
초록색으로 변한다

고무나무 *Ficus*

더위에 강함 | 가끔 충분히 | 반그늘 | 여러해살이 | 흙 재배 권장 | 난이도 하

도톰하고 둥근 타원형 잎에 먼지가 잘 낀다. 자주 닦아주면서 잘 관리하면 잎에서 광이 난다. 무화과나무속의 고무나무는 주로 관상용으로 실내를 꾸밀 때 무난하게 키우기 좋다. 화려하지 않아도 존재감이 강해 공간에 무게감을 준다.

원산지 서아프리카, 인도 등 전 세계의 열대 및 아열대 지역.

물 주기 여름에는 겉흙이 말랐을 때 바로 물을 주고, 겨울에는 속흙까지 마르면 준다.

토양 마사토와 수목용 배양토를 섞어 사용한다.

고무나무는
공기정화에
특히 탁월한
편이다

49

떡갈고무나무 *Ficus lyrata*

떡갈나무 잎처럼 유연하게 구불거려 '떡갈고무나무'라고 부른다.
잎의 형태가 강렬하고 단단한 느낌을 준다.
과습할 경우 잎이 검게 무르다 떨어질 수 있다.
잎 크기에 비해 줄기가 연하기 때문에 지지대를 세워주면 좋다.
독성이 강하므로 어린이와 반려동물이 있는 곳에서는 주의한다.

50

인도고무나무 *Ficus elastica*

과거에는 고무를 만드는 데 필요한 실질적이고 중요한 자원이었으나
대체 종이 발견되면서 관상용 식물이 되었다.
잎이나 줄기를 자르면 흐르는 하얀 액체가 고무의 원료다.
병충해에 강하며 두껍고 윤기 나는 잎이 어긋나게 자란다.

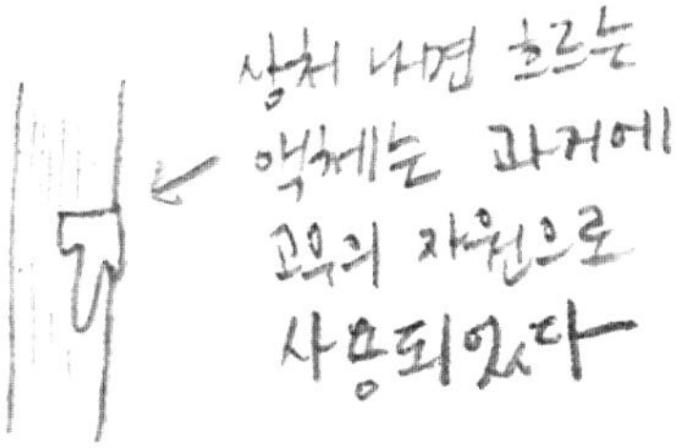

51

수채화고무나무 *Ficus elastica* 'Variegata'

수채화로 그린 듯 불규칙하고 다양한 연두색 무늬가 아름답다.
새잎은 다 자란 잎에 비해 색이 더 짙으며, 붉은색을 은은하게 띤다.
잎이 자랄수록 붉은색은 사라지고 물먹은 연두색 무늬가 두드러진다.
다른 고무나무와 마찬가지로 넓고 튼튼한 잎을 가졌다. 광택은 타 종에 비해 덜하다.

드라세나 *Dracaena*

더위에 강함 자주 충분히 반그늘 여러해살이 흙 재배 권장 난이도 중

실내 독성물질을 제거하는 능력이 높다. 산소와 음이온을 많이 내뿜어 공기정화 능력도 탁월하다. 이국적인 느낌을 주기 때문에 관상용으로서도 가치가 높다. 여름 직사광선은 피하고 밝은 그늘에서 키우는 것이 좋다.

원산지 아프리카 열대지역.

물 주기 여름에는 겉흙이 말랐을 때 바로 물을 주고, 겨울에는 속흙까지 마르면 물을 준다. 겨울철에 찬물을 그대로 주면 잎이 죽을 수 있으니, 물을 받아놓고 하루 지난 후 준다.

토양 배수와 통풍이 잘되는 흙이 좋다. 마사토, 부엽토, 배양토를 섞어 사용한다. 수경 재배가 가능하지만 흙에서 더 잘 자란다.

52

드라코 *Dracaena draco*

빛이 충분하면 잎 가장자리가 붉어지기도 한다.
줄기나 잎을 잘랐을 때 흐르는 붉은 액이 용의 피 같다고 해서 '용혈수'라고도 불린다.
과거에는 이 액을 진통제나 색조 화장에 활용했다.

53

마지나타 *Dracaena marginata*

가느다란 잎이 야자수처럼 사방으로 뻗어 자란다.
잎이 자연스럽게 늘어져 공간을 꾸미기에 좋다.
잎의 엽선을 따라 붉은색의 무늬가 나 있다.

54

맛상게아나 *Dracaena fragrans* 'Massangeana'

곁에 두고 키우면 행운을 가져다준다고 해서 '행운목'이라고 불린다.
흔히 수경 재배로 키우는데 흙에서 더 잘 자란다.

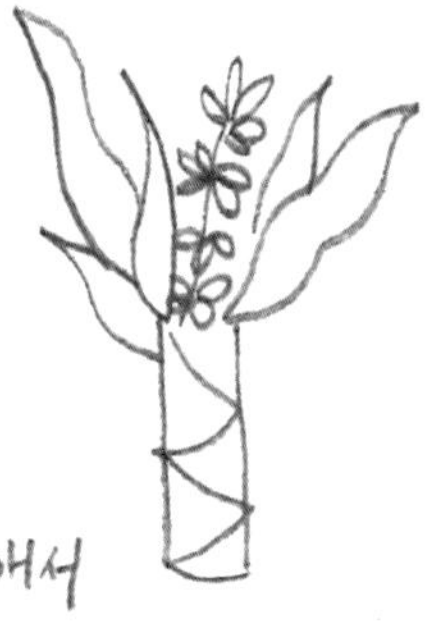

7년에 한 번 정도
불규칙한 주기로
꽃이 핀다
그 꽃을 본 사람에게
인생에 다시 오지 않을
행운을 가져다준다고 해서
행운목이라고 불린다

55

콤팩타 *Dracaena deremensis* 'Virens Compacta'

비교적 짧고 넓은 잎들이 사방에서 촘촘하게 돋아 풍성하게 자란다. 건조함을 싫어하는 편이어서 겨울철에도 이따금 살수 관수해준다. 다만 과습할 경우에는 잎이 가늘어지니 주의한다.

허브

보통 물을 아주 좋아하고, 배수도 그만큼 중요하다.
물을 자주 주는 대신 배수와 통기성이 원활한 흙과 화분을 선택해야 한다.
독특한 향을 가졌으며, 향신료나 향료로 많이 사용된다.

56

라벤더 *Lavandula*

더위에 강함 | 자주 충분히 | 태양광 | 여러해살이 | 흙 재배 권장 | 난이도 상

위로 뻗은 줄기 끝부분에 보라색이나 분홍색의 작은 꽃이 뭉쳐서 핀다. 줄기 표면은 하얀 솜털로 덮여 있다. 해가 잘 들고 습도가 높지 않은 장소에서 잘 자란다. 잎을 만지면 강한 향이 나는데, 기분을 안정시키는 데 도움을 준다. 그 때문인지 아로마오일이나 향초, 방향제, 세제의 향료로 많이 사용된다. 모기를 쫓는 역할도 한다. 추위에는 아주 약하기 때문에 겨울철에 세심한 관리가 필요하다.

원산지 지중해 연안.

물 주기 일주일에 두 번 물을 흠뻑 준다.

토양 배수가 잘되고 영양가 없는 흙이 좋다. 배양토에 마사토를 50% 이상 섞는다.

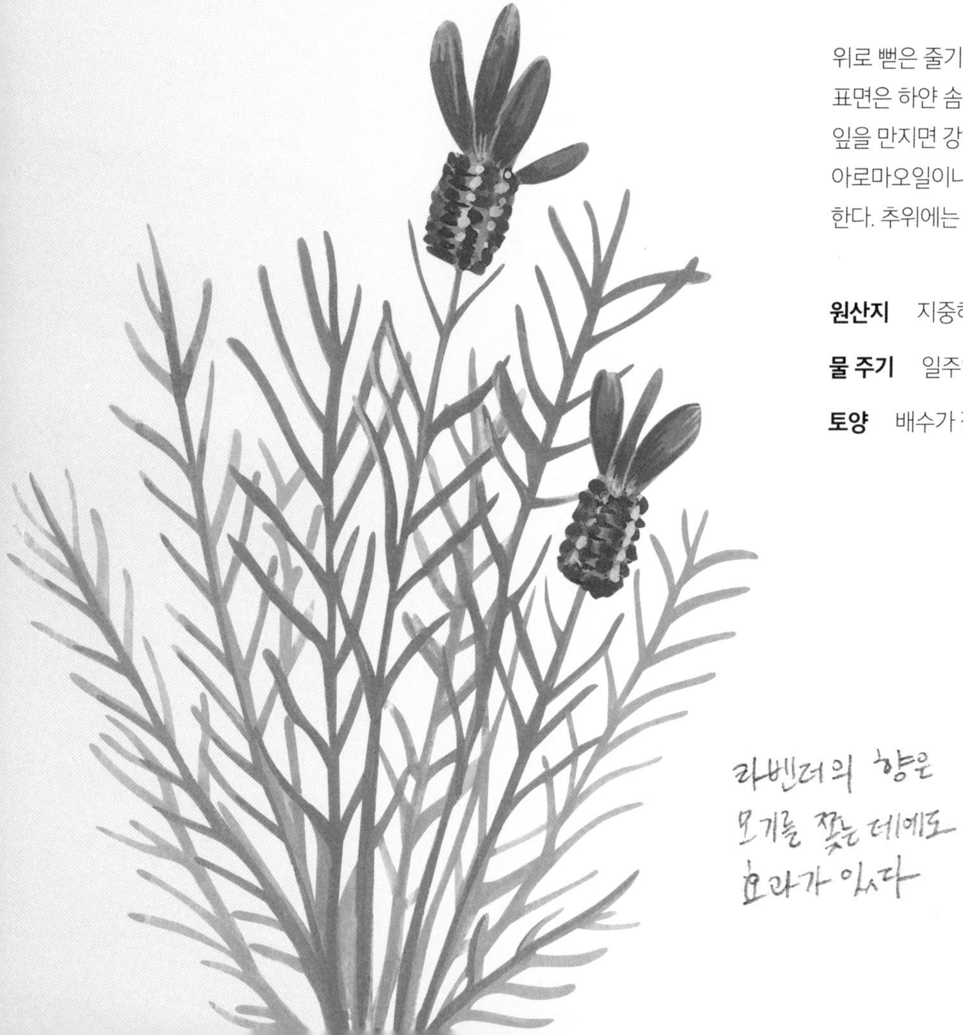

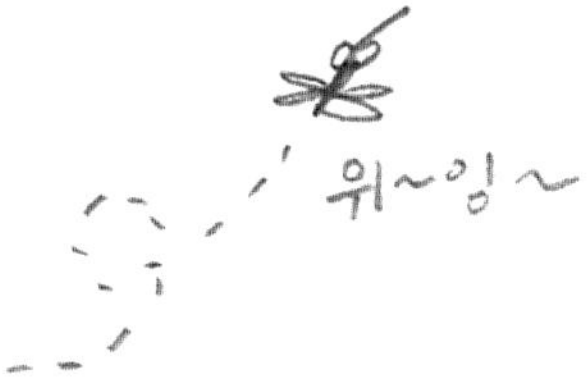

57

로즈메리 *Rosmarinus officinalis*

더위에 강함 자주 충분히 태양광 여러해살이 흙 재배 권장 난이도 중

'바다의 이슬'이라는 뜻을 가진 이름이다. 꽃이나 잎을 살짝 건드리면 특유의 강한 향기가 퍼져나온다. 하늘을 향해 뻗은 줄기에 살짝 도톰하고 길쭉한 이파리가 촘촘하게 나 있다. 잎 사이사이에 하얀색, 분홍색, 푸른색 꽃이 핀다. 라벤더와 마찬가지로 향료로 사용되며, 차로 마시거나 요리에서 잡내를 잡는 향신료로 사용된다.

원산지 지중해 연안.

물 주기 일주일에 두 번 물을 흠뻑 준다.

토양 배수가 잘되고 영양가 없는 흙이 좋다. 배양토에 마사토를 50% 이상 섞는다.

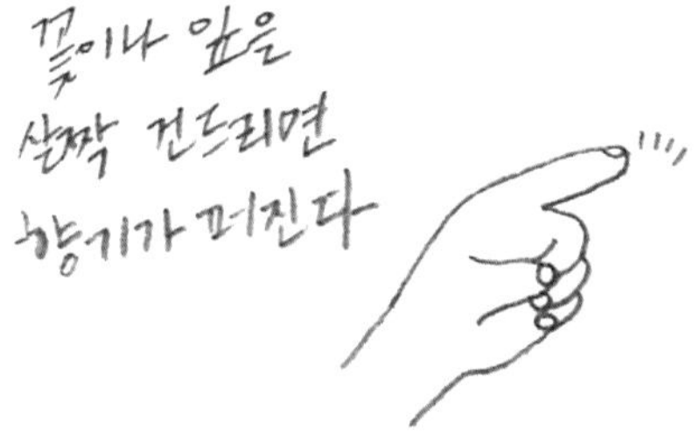

58

바질 *Ocimum basilicum*

더위에 강함 | 자주 충분히 | 태양광 | 한해살이 | 흙 재배 권장 | 난이도 하

민트과에 속하는 한해살이풀로 잎을 뜯어 요리의 재료로 많이 사용한다. 생잎을 으깨 올리브오일과 섞어 페스토로 사용하거나, 말린 가루로 비린 향을 잡는 데 사용한다. 다른 허브들에 비해 키우기 쉬운 편이며, 추위에 약하다. 한해살이지만 관리를 잘하면 2년까지도 키울 수 있다.

원산지 아시아 열대 지역.

물 주기 흙이 마르는 정도를 체크하고, 겉흙이 마르면 물을 준다. 너무 자주 주면 과습해 썩거나 힘없이 키만 커질 수 있다.

토양 배수가 잘되고 영양가 없는 흙이 좋다. 배양토에 마사토를 50% 이상 섞는다.

생잎은 밀봉+냉장
말린잎은 밀봉+실온

59

페퍼민트 *Mentha piperita*

추위에 강함 자주 충분히 반그늘 한해살이 흙 재배 권장 난이도 중

다른 허브에 비해 빛이 직접적으로 내리쬐지 않는 반그늘에서 더 잘 자란다. 추위와 습도에 특히 강하다. 낮은 온도에서 자랄수록 더 강한 향이 난다. 더위에 약하기 때문에 한여름에 더 각별한 주의가 필요하다. 향신료나 찻잎, 방향제로 많이 사용된다. 강한 민트향은 피로를 회복해주며 더울 때는 차갑게, 추울 때는 따뜻하게 해주는 효과가 있다. 식후에 차로 마시면 소화를 돕는다.

원산지 유럽.

물 주기 일주일에 두 번 물을 흠뻑 준다.

토양 배수가 잘되고 영양가 없는 흙이 좋다. 배양토에 마사토를 50% 이상 섞는다.

박하라고도 한다

60

장미허브 *Plectranthus tomentosa*

장미향이 난다고 하여 우리나라에선 보통 '장미허브'라고 불린다. 도톰하고 둥글둥글한 잎에 하얀 솜털이 가득 나 있어 마치 꽃 같은 느낌을 준다. 실수로 가지가 부러져도 흙에 다시 꽂아두면 뿌리가 금방 나올 정도로 생명력이 강하다. 웃자라서 키가 너무 커진 경우에는, 위쪽 줄기를 잘라내어 모양을 잡아준다. 다른 허브에 비해 물을 좋아하지 않는 편으로, 건조한 환경에서는 잘 살아남지만 과습에는 약하다. 햇빛과 통풍 관리를 잘해야 한다. 과습할 경우 잎이 누렇게 변한다.

원산지 남아프리카.

물 주기 다른 허브들과 달리, 도톰한 잎이 힘을 잃었거나 흙이 완전히 말랐을 경우에 물을 준다.

토양 배수가 잘되고 영양가 없는 흙이 좋다. 배양토에 마사토를 50% 이상 섞는다.

꽃

관상용 식물로 봄철과 여름철에 특히 많이 유통되고 소비된다.
꽃을 피우는 데 아주 큰 에너지가 필요하기 때문에
영양분이 많은 흙과 충분한 비료가 필요하다.

61

가자니아 *Gazania linearis*

더위에 강함 | 자주 충분히 | 태양광 | 한해살이 | 흙 재배 권장 | 난이도 중

국화과식물로 얇고 긴 꽃잎들이 사방에서 겹쳐 난다. 꽃잎의 색상이 다양하지만, 노란 잎에 갈색 무늬가 있는 모습이 일반적이다. 줄기가 단단하게 서지 않아 땅에 붙어 자라면서 옆으로 퍼진다. 잎은 길고 좁은 모양도 있고 여러 방향으로 갈라져 퍼진 모양도 있다. 색이나 모양이 다른 유사종이 아주 많다. 추위에 취약하다 보니 겨울을 이겨내지 못해 우리나라에서는 한해살이로 분류된다. 제주도 길거리에서 흔하게 볼 수 있다. 꽃은 해가 뜨면 벌어졌다가 저녁이 되면 오므라든다.

원산지 남아프리카.

물 주기 겉흙이 마르면 물을 준다. 잎이 시들하다면 살수 관수한다.

토양 습기에 약하기 때문에 배수가 중요하다. 오랫동안 꽃이 피어 있기 때문에 영양도 충분해야 한다. 배양토와 마사토를 섞어 사용한다. 분갈이 과정에서 거름을 주거나, 필요에 따라 영양제를 사용한다.

꽃은 아침에 벌어지고
저녁이나 흐린 날
오므라든다

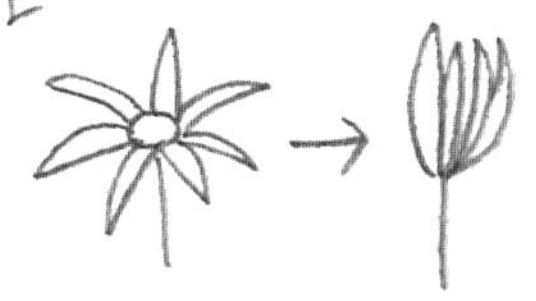

62

수선화 *Narcissus tazetta*

구근식물로 추위에 강하다. 가을에 심어 이른 봄에 꽃이 핀다. 다만 꽃이 피는 시기에는 햇빛을 충분히 받아야 하며, 그렇지 못할 경우 약하게 자란다. 노란색 꽃이 관상용으로 훌륭하다. 수선화의 학명은 그리스 로마 신화에 등장하는 나르키소스의 이름에서 유래한다. 나르키소스가 연못에 비친 자신의 얼굴에 반해 더 가까이 보려고 하다가 물에 빠져 죽은 장소에 수선화가 피었다고 한다.

원산지 지중해 연안.

물 주기 속흙이 마르면 물을 흠뻑 준다. 활발하게 생육해야 하는 어린 수선화는 충분히 많은 물이 필요하지만 뿌리가 자리 잡은 이후부터는 물을 줄여 웃자람을 방지한다. 수경 재배 시 구근에는 닿지 않고, 물이 뿌리에만 닿도록 신경 써야 구근이 썩지 않는다.

토양 배수와 통풍이 잘되는 흙이 좋다. 오랫동안 꽃이 피어 있기 때문에 영양도 충분해야 한다. 마사토, 부엽토, 배양토를 섞어 사용한다. 배양토만 사용했다면 달마다 비료를 주는 것이 좋다.

나르키소스 신화
→ '자기애'를
상징한다

63

제라늄 *Pelargonium inquinans*

더위에 강함 | 가끔 충분히 | 태양광 | 여러해살이 | 흙 재배 권장 | 난이도 중

붉은색, 분홍색, 하얀색 등 꽃의 색상에 따라 여러 종으로 분류된다. 온도만 잘 유지해준다면 1년 내내 꽃을 볼 수 있어서 정원이나 실내에서 장식 식물로 선호한다. 직사광선이 잘 드는 양지를 선호하지만 반그늘 등의 실내에서도 잘 적응한다. 병충해에도 강해 키우기 어렵지 않다.

원산지 남아프리카.

물 주기 잎과 줄기가 다육질이기 때문에 건조에 강하므로 과습에 주의한다. 겉흙이 마른 후에 물을 준다. 겨울에는 속흙까지 마른 후에 물을 준다.

토양 배수와 통풍이 잘되는 흙이 좋다. 오랫동안 꽃이 피어 있으므로 영양도 충분해야 한다. 마사토, 부엽토, 배양토를 섞어 사용한다.

온도만 잘 맞추면
1년 내내 꽃을
관상할 수 있다

물을 줄까 말까
하는 상황에서는
주지 않는 것을
추천

64

히아신스 *Hyacinthus orientalis*

추위에 강함 가끔 충분히 태양광 여러해살이 흙 재배 권장 난이도 상

추위에 강한 구근식물로 가을에 심어 이른 봄에 꽃을 피운다. 흰색, 푸른색, 붉은색 등 다양한 색상의 꽃은 시각적으로 강렬할 뿐만 아니라 향도 강해 봄철에 인기가 높다. 꽃이 지고 나서 구근을 잘 보관하면 다음 해에 꽃을 다시 볼 수 있다.

원산지 서남아시아 및 동부 지중해 연안.

물 주기 2주에 한 번 물을 흠뻑 준다. 구근이 쉽게 썩으므로 과습을 조심한다. 수경 재배 시 구근에는 닿지 않고, 물이 뿌리에만 닿도록 신경 써야 구근이 썩지 않는다.

토양 배수와 통풍이 잘되는 흙이 좋다. 오랫동안 꽃이 피어 있기 때문에 영양도 충분해야 한다. 마사토, 부엽토, 배양토를 섞어 사용한다. 배양토만 사용했다면 달마다 비료를 주는 것이 좋다.

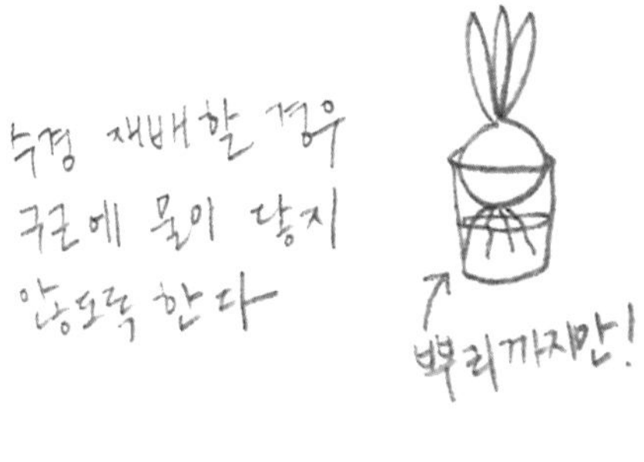

식충식물

벌레잡이로 영양분을 섭취하므로 흙에서 따로 영양분을 흡수할 필요가 없다. 습한 환경을 유지하기 위해 수태만 사용하거나 피트모스에 심어 키운다.

65

긴잎끈끈이주걱 *Drosera anglica*

더위에 강함 자주 충분히 태양광 여러해살이 흙 재배 권장 난이도 상

습지대에서 자라는 식물이기 때문에 습기 유지가 중요하다. 다만 직접 살수 관수하는 것은 피한다. 하늘을 향해 뻗은 기다란 잎 말미에 털이 많다. 털에 맺히는 끈적한 액체에서 벌레를 유혹하는 향이 난다. 향에 이끌려 다가온 벌레는 사로잡히고, 산성 소화액에 의해 식물에 흡수된다.

원산지 동아시아, 남부 유럽.

물 주기 습기가 많은 곳에서 키워야 한다. 습도가 부족한 곳에서는 저면 관수로 키우고 일주일에 한 번 물을 갈아준다. 직접 물이 닿으면 식물이 녹을 수 있으므로 잎에 물이 닿지 않도록 주의한다.

토양 습기 유지를 위해 수태를 단용하거나 피트모스를 사용한다.

뿌리는 습하게 유지하고
식물의 잎, 즉 사냥을하는
식물 본체 에는 물이 닿지
않도록 한다
물과 산성 소화액이 만나면
식물이 죽어버릴 수 있다

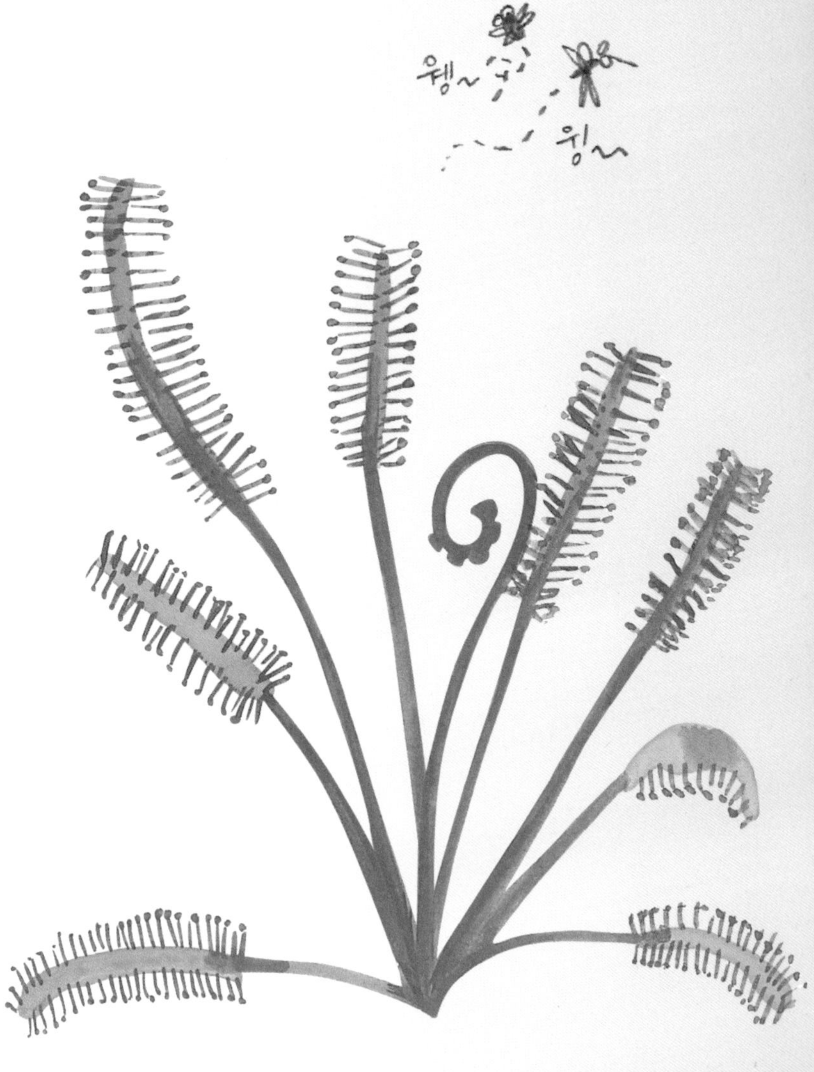

66

네펜데스 *Nepenthes alata*

더위에 강함 자주 충분히 태양광 여러해살이 흙 재배 권장 난이도 상

동남아시아 밀림에서는 아주 크게 자라 작은 새와 같은 포유류까지 잡아먹는 거대 식물이다. 온실이나 가정에서 키우는 것은 크기가 작은 종으로 주로 벌레를 잡아먹는다. 얇은 잎끝에 항아리 모양의 벌레잡이통이 달려 있는데, 입구가 좁아 한번 들어가면 벌레가 쉽게 나올 수 없다. 통 입구의 꿀샘은 벌레를 유인하고 통 안쪽의 소화액은 벌레를 분해하여 흡수한다. 빛이 충분하면 벌레잡이통이 붉은색으로 물든다.

원산지 보르네오섬 등 동남아시아 열대 지역.

물 주기 습기가 많은 곳에서 키워야 한다. 습도가 부족한 곳에서는 저면 관수로 키우고 일주일에 한 번 물을 갈아준다. 흙이 마르면 쉽게 죽기 때문에 건조한 계절에는 살수 관수하는 것이 좋지만, 벌레잡이통에 물이 들어가지 않도록 주의한다.

토양 습기 유지를 위해 수태를 단용하거나 피트모스와 펄라이트를 섞어 사용한다.

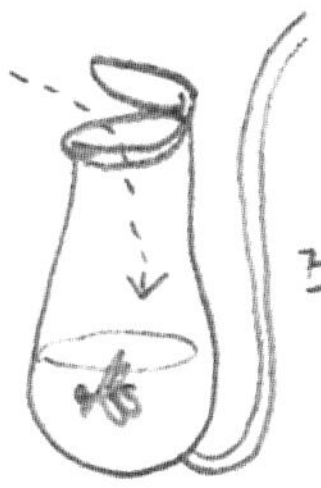

67

파리지옥 *Dionaea muscipula*

이끼가 많은 습지대에서 자란다. 공기 중에 냄새를 퍼뜨려 곤충을 유인한다. 곤충이 다가와 갈퀴 모양의 털을 건드리면 즉시 잎을 닫아 사냥감을 포획한다. 한번 먹이를 잡으면 보통 일주일쯤 소화 기간을 가지며, 소화가 끝나면 갈퀴 모양의 잎이 다시 열린다. 여닫는 움직임이 신기해도 불필요한 에너지가 소모되지 않도록 일부러 시험해보는 것은 좋지 않다. 겨울에는 베란다나 덥지 않은 실내에서 건조하게 키운다. 얼어 죽지 않을 정도로 관리한다.

원산지 북아메리카.

물 주기 습기가 많은 곳에서 키워야 한다. 습도가 부족한 곳에서는 저면 관수로 키우고 일주일에 한 번 물을 갈아준다. 흙이 마르면 쉽게 죽기 때문에 건조한 계절에는 살수 관수하는 것이 좋다.

토양 원산지 환경과 유사하도록 이끼나 피트모스를 사용한다.

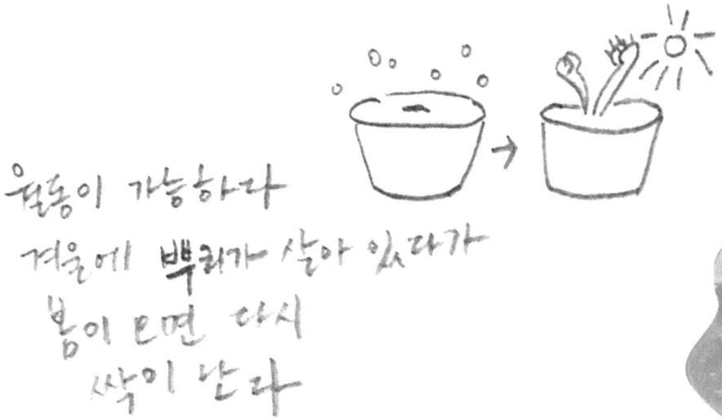

이끼

나무나 바위에 착생하여 자라거나, 습지대에 서식하는 식물로 군락을 이루어 산다.

68

모스볼 *Cladophora aegagropila*

추위에 강함 · 실내광 · 여러해살이 · 수경 재배만 가능 · 난이도 하

물속에서 자라는 공 모양의 생명체이다. 무수히 많은 섬유가 공 모양으로 뭉쳐 있다. 늪지대의 깊은 물속에서 자생하기 때문에 차가운 물에 강하고 더위에는 약하다. 한여름에는 냉장고에 보관하거나 물에 얼음을 띄워 온도를 낮춘다. 빛이 충분하면 광합성을 하는데 이때 발생하는 기포로 인해 물의 표면까지 떠오르기도 한다. 이를 보고 기분이 좋아 떠오른다고 말하는 사람들도 있다. 아주 느리게 자란다.

원산지 일본 홋카이도, 유럽 북부, 러시아.

물 주기 일주일에 한 번 깨끗하고 차가운 물로 갈아준다.

토양 필요 없음.

일본 홋카이도에서 자생하는 종은
마리모 라는 이름으로 불린다
(천연기념물이다!)

69

비단이끼 *Leucobryum glaucum*

더위에 강함 · 자주 충분히 · 실내광 · 여러해살이 · 흙 재배 권장 · 난이도 하

테라리엄 구성에서 가장 흔하게 사용하는 이끼 종류다. 숲속의 보송보송한 언덕 같은 느낌을 연출할 수 있다. 전국의 산이나 들, 나무뿌리나 바위 근처의 습한 음지에 군락을 이루어 자란다.

원산지 동아시아.

물 주기 건조에 매우 취약하기 때문에 항상 촉촉한 상태를 유지해야 한다. 수시로 살수 관수하는 것이 좋다. 테라리엄의 경우 물을 준 뒤 뚜껑을 닫아 습도를 유지하기도 한다.

토양 부엽토.

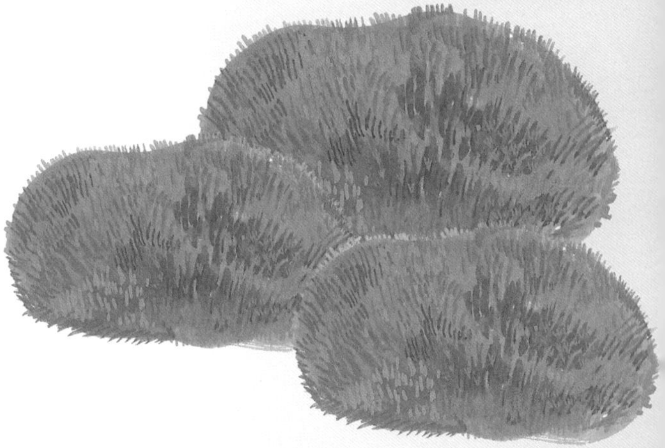

70

스칸디아모스 *Cladonia rangiferina*

추위에 강함 실내광 여러해살이 토양 필요 없음 난이도 하

순록이 뜯어 먹는다고 해서 '순록 이끼'로 불리기도 한다. 원래는 옅은 회색을 띠는 식물이지만 천연 염색을 통해 다양한 색이 유통되고 있다. 습도가 없는 공간에서는 단단하게 굳기 때문에 습도를 30% 이상으로 유지한다. 다만 식물에 물이 닿아도 딱딱하게 굳어버리니 식물에 직접 관수하지 않는다. 자연 상태에서도 아주 천천히 자라며, 채취되어 유통되는 이끼는 더 이상 자라지 않는다.

원산지 아이슬란드를 비롯한 북부 유럽.

물 주기 습도 유지를 위해 가습기를 틀어두거나 화장실에 둔다.

토양 필요 없음.

크기별 찾아보기

※ 주의 ※

이 찾아보기는 상대적인 크기를 가늠하는 데 도움을 드리고자
주관적인 기준으로 정리한 모습입니다
식물의 생장 정도 또한 각각 다르니,
이 점 염두에 두시고 참고해주시기를 바랍니다

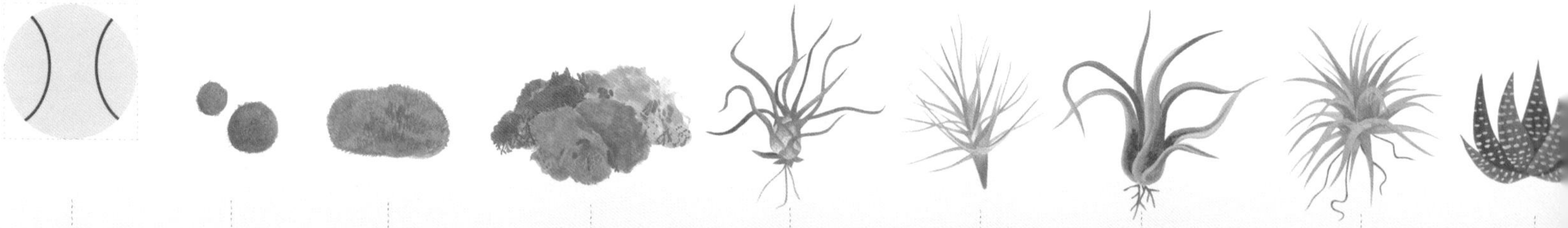

야구공 150 150 151 80 80 79 78 95

147 93 96 111 111 139 138

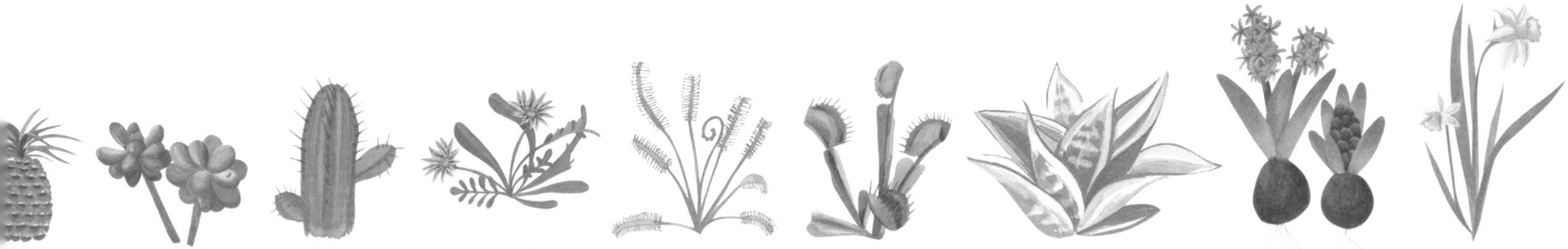

94 97 92 141 146 148 86 144 142

137 115 110 110 109 109

87
143
136
135
81
117
86

87
114
82
102
103
91

126 107 107 106 106 122

90 89 112 113 85 118

125 101 100 119

129 129 128 132

131 131 133 120

123　124　121

화분 식물 초심자를 위한 최소한의 안내서

아파트 화분 생태계

1판1쇄 펴냄 2018년 7월 30일

글·그림 한인애

펴낸이 김경태 | **편집** 홍경화 김은영 전민영 성준근 | **디자인** 박정영 | **마케팅** 곽근호 윤지원
펴낸곳 (주)출판사 클
출판등록 2012년 1월 5일 제311-2012-02호
주소 03385 서울시 은평구 연서로26길 25-6
전화 070-4176-4680 | 팩스 02-354-4680 | 이메일 bookkl@bookkl.com

ISBN 979-11-88907-27-4 03520

이 도서의 국립중앙도서관 출판예정도서목록(CIP)은 서지정보유통지원시스템 홈페이지(http://seoji.nl.go.kr)와
국가자료공동목록시스템(http://www.nl.go.kr/kolisnet)에서 이용하실 수 있습니다.(CIP제어번호: CIP2018022049)

글·그림 **한인애**

사진 찍고, 무언가 적고, 그림을 그립니다.
약간 서늘한 날씨, 산책, 짙은 초록빛, 적당한 침묵과
자연스러운 순간들을 좋아합니다. 어떤 생각을 하고
어떤 방향으로 살아야 할지 계속해서 궁리하고 있습니다.